AF339465

SYNOPSIS

DES

HÉMIPTÈRES-HÉTÉROPTÈRES

DE FRANCE,

Par le Docteur PUTON,

Membre des Sociétés Entomologiques de France, de Suisse, d'Italie, de Berlin, de la Société I.-R.
de Zoologie et de Botanique de Vienne, de la Société des Sciences,
de l'Agriculture et des Arts de Lille, etc.

1re PARTIE

LYGÆIDES.

PARIS,
DEYROLLE. 23, RUE DE LA MONNAIE.

1878

SYNOPSIS

DES

HÉMIPTÈRES - HÉTÉROPTÈRES

DE FRANCE.

SYNOPSIS

DES

HÉMIPTÈRES-HÉTÉROPTÈRES

DE FRANCE,

Par le Docteur PUTON,

Membre des Sociétés Entomologiques de France, de Suisse, d'Italie, de Berlin, de la Société I.-R. de Zoologie et de Botanique de Vienne, de la Société des Sciences, de l'Agriculture et des Arts de Lille, etc.

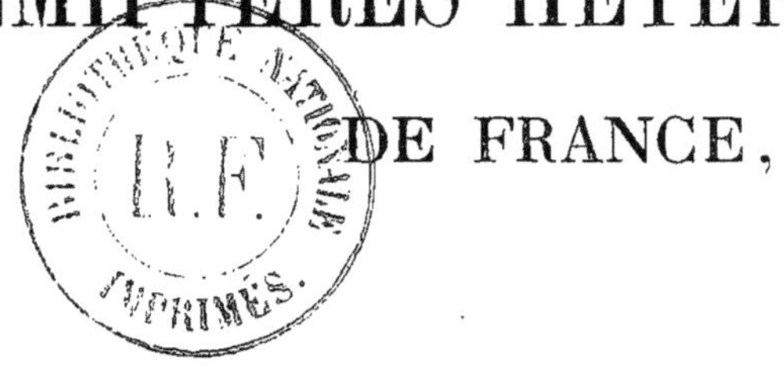

1re PARTIE

LYGÆIDES.

PARIS,

DEYROLLE, 23, RUE DE LA MONNAIE.

—

1878.

SYNOPSIS

DES

HÉMIPTÈRES-HÉTÉROPTÈRES

DE FRANCE,

DE LA FAMILLE DES LYGÆIDES,

Par le Docteur PUTON,

Présenté à la séance du 15 février 1878.

———

Si tous les naturalistes qui s'occupent d'étudier les richesses naturelles de notre pays s'imposaient la tâche de publier, chacun dans leur spécialité, le résultat de leurs recherches, la Faune française serait beaucoup plus avancée qu'elle ne l'est aujourd'hui, et nous n'aurions pas à regretter de voir beaucoup des pays voisins plus favorisés que nous sous ce rapport.

M'étant occupé plus particulièrement des insectes Hémiptères, je viens aujourd'hui apporter ma petite pierre à l'édifice de ce travail national en publiant un Synopsis d'une des familles de cet ordre. Si le temps et la santé me le permettent, je publierai successivement les autres, et c'est dans cette prévision que je fais précéder mon synopsis des Lygæides de France d'un tableau synoptique des familles qui composent l'ordre des Hémiptères-Hétéroptères.

Mon travail n'est pas une monographie, mais un simple tableau, suffisant, je pense, pour permettre la détermination des espèces que l'on rencontre en France. Il ne fait donc pas double emploi avec la monographie commencée sur un tout autre plan par MM. Mulsant et Rey et qui, d'ailleurs, n'embrasse encore que quelques familles que je réserverai pour les dernières.

Je me suis efforcé d'élaguer de mon travail tout ce qui est inutile et la forme dichotomique m'a permis de restreindre beaucoup son étendue. La synonymie complète m'a aussi paru un luxe superflu : on la trouve dans les traités et catalogues généraux. J'ai donné plus de soins à la partie géographique, et je me suis efforcé de déterminer exactement l'habitat de chaque espèce. Cependant, sous ce rapport, il y a encore beaucoup à faire et, pour éviter les erreurs de déterminations, je n'ai noté pour les espèces rares que les localités de celles que j'ai pù vérifier par moi-même.

Je remercie cordialement les Hémiptéristes français des communications qu'ils m'ont faites et qui m'ont permis d'enregistrer un assez grand nombre d'espèces rares ou nouvelles pour notre Faune ; je citerai notamment MM. André, à Gray ; Bellevoye, à Metz ; Caulle, à Nogent ; Champenois, à La Rochelle ; Cuny-Gaudier, à Gérardmer ; Damry, à Porto-Vecchio ; Deschamps, à à Rouen ; Duchalais, à Orléans ; Duverger, à Dax ; Lethierry, à Lille ; Marquet, à Toulouse ; Nicolas et le frère Thelesphore, à Avignon ; Pandellé, à Tarbes ; Perris, à Mont-de-Marsan ; Pierrat, à Gerbamont ; Docteur Populus, à Coulanges-la-Vineuse ; Reiber, à Strasbourg ; Rey, à Lyon ; Docteur Signoret, à Paris, etc.

HEMIPTERA HETEROPTERA

1 (24) Antennes libres, saillantes. Insectes terrestres ou nageant à la surface de l'eau : Sect. I. Geocores ou Gymnocerata.

2 (23) Ongles insérés à l'extrémité du dernier article des tarses.

3 (4) Bords de la tête tranchants, aigus, cachant l'insertion des antennes qui n'est pas visible d'en haut. Antennes à cinq articles. Ecusson long, dépassant le milieu de l'abdomen.
1. Pentatomidæ.

4 (3) Bords de la tête obtus, insertion des antennes découverte et visible d'en haut. Écusson court ou ne dépassant pas le milieu de l'abdomen. Antennes à quatre articles. (Chez les Reduvidæ et Hebridæ il existe quelquefois de petits articles supplémentaires entre les articles proprement dits).

(6) Meso et métapleures composés de plusieurs pièces. Élytres avec un appendice ou cuneus (*Cimicidæ Reut*).
9. Capsidæ.

6 (5) Meso et métapleures simples. Élytres sans cuneus ou appendice.

7 (16) Tarses à trois articles.

8 (13) Bec non arqué à la base, appliqué au repos contre le dessous de la tête.

9 (10) Membrane des hémélytres avec de nombreuses nervures longitudinales partant d'une nervure transverse parallèle au bord postérieur de la corie. Toujours des ocelles.
2. Coreidæ.

10 (9) Membrane avec cinq nervures longitudinales seulement. (Dans le genre Pyrrhocoris de la famille des Lygeidæ, il y en a environ huit, mais il n'y a pas d'ocelles).

11 (12) Antennes insérées au-dessus d'une ligne passant du milieu des yeux au sommet de l'épistome. Antennes et pattes très-grèles, très longues ; les fémurs et le 1er article des antennes avec un brusque renflement tout près du sommet ; le 1er article des antennes beaucoup plus long que la tête. Vertex avec un étranglement devant les ocelles.

3. BERYTIDÆ.

12 (11) Antennes insérées au-dessous d'une ligne passant du milieu de l'œil au sommet de l'épistome. 1er article des antennes moins long que la tête. Antennes et pattes ordinaires. Vertex sans étranglement devant les ocelles.

4. LYDÆIDÆ.

13 (8) Bec robuste et arqué à la base, éloigné du dessous de la tête et non susceptible de s'y appliquer.

14 (15) Bec long. Ocelles entre les yeux et très-rapprochés l'un de l'autre. Dernier article des antennes non aminci en soie à l'extrémité. Membrane avec quatre longues cellules longitudinales qui occupent toute sa longueur.

10. SALDIDÆ.

15 (14) Bec court ; ocelles situés derrière les yeux. Dernier article des antennes sétacé. Membrane avec deux ou trois grandes cellules basales émettant plus ou moins de nervures longitudinales.

11. REDUVIDÆ.

16 (7) Tarses à deux articles. (Tête avec un fort sillon en dessous pour loger le bec).

17 (18) Pattes antérieures ravisseuses. Antennes cachées au repos dans un sillon sous le bord du pronotum.

7. PHYMATIDÆ.

18 (17) Pattes antérieures non ravisseuses. Antennes non cachées sous le bord du pronotum.

19 (20) Hanches antérieures insérées sur le disque du prosternum. Une forte épine en dehors de la base des antennes. Corps très-aplati en dessus et en dessous.

8. ARADIDÆ.

20 (19) Hanches antérieures insérées au bord postérieur du prosternum.

21 (22) Clavus membraneux confondu avec la membrane qui est privée de nervures. Insectes vivant sur les plantes aquatiques. (Des ocelles, écusson découvert, élytres non reticulées).

6. HEBRIDÆ.

22 (24) Élytres ordinairement homogènes et reticulées , sans distinction de corie , clavus et membrane ; pas d'ocelles et écusson caché par le pronotum. (Dans le genre Piesma qui a des ocelles et l'écusson découvert , les joues sont avancées en forme de corne de chaque côté de l'épistome, le clavus n'est pas membraneux, et la membrane, quand elle existe , a quatre nervures longitudinales.)

5. Tingididæ.

23 (2) Ongles insérés avant l'extrémité du dernier article des tarses , au fond d'une fente à l'extrémité de cet article. Insectes vivant à la surface de l'eau et revêtus en dessous d'une pubescence soyeuse imperméable.

12. Hydrometrid.æ.

24 (1) Antennes extrêmement courtes , cachées dans une fossette en dessous de la tête. Insectes vivant dans l'eau. (Un genre au bord de l'eau). Sect. II. Hyorocores ou Cryptocerata.

25 (26) Des ocelles. Insectes littoraux.

13. Pelegonidæ.

26 (25) Pas d'ocelles. Insectes aquatiques.

27 (30) Hanches antérieures insérées sur le disque du prosternum ou à son bord antérieur.

28 (29) Antennes à quatre articles simples. Deux articles aux tarses intermédiaires et postérieurs. Pas d'appendice tubuleux anal.

14. Naucoridæ.

29 (28) Antennes à trois articles , le deuxième avec un prolongemen latéral. Un seul article à tous les tarses. Un long appendice tubuleux anal.

15. Nepid.æ.

30 (27) Hanches antérieures insérées au bord postérieur du prosternum.

31 (32) Bec libre à trois ou quatre articles. Insectes nageant sur le dos.

16. Notonectid e.

32 (31) Bec caché , paraissant inarticulé.

17. Corisidæ.

Famille des LYGÆIDES.

Corps plus ou moins allongé ou ovalaire, de consistance coriace. Tête triangulaire, sans rebord et sans étranglement en avant des yeux. Des ocelles (excepté dans les Pyrrhocoris). Bec et antennes quadriarticulés ; celles-ci filiformes ou légèrement renflées au sommet, insérées en dessous d'une ligne allant du milieu des yeux au sommet du clypeus. Pronotum le plus souvent divisé en deux lobes par un sillon ou dépression traverse. Écusson petit ou médiocre, triangulaire. Élytres composées d'une corie, d'un clavus et d'une membrane, celle-ci ayant au plus 5 nervures longitudinales (excepté Pyrrhocoris). Membrane souvent nulle ou rudimentaire. Tarses triarticulés. Abdomen à six segments non génitaux.

Obs. La tribu des Pyrrhocorini mériterait de former une sous-famille se distinguant des autres Lygæides par la nervation de sa membrane, l'absence d'ocelles et surtout le dernier segment ventral non anguleusement échancré chez la femelle ; mais son facies est bien le même que celui des autres Lygæides.

C'est cette même considération qui m'engage à laisser les Piesma avec les Tingidides, bien que l'écusson découvert, la présence d'ocelles et la conformation des segments génitaux les rapprochent plus des Lygæides, où les ont du reste classés Spinola, Herrich-Schæffer, Flor, etc.

Par contre, je laisse dans une famille à part les Berytides à cause de leur facies tout spécial, bien qu'ils présentent de grandes affinités avec certains genres exotiques de Lygæides de la tribu des Cymini.

TABLEAU DES TRIBUS.

1 (2) Pas d'ocelles. Membrane avec deux ou trois cellules basales d'où partent d'assez nombreuses nervures plus ou moins fourchues. Plusieurs sutures ventrales courbées ou sinuées extérieurement. Dernier segment ventral non anguleusement échancré chez la femelle. Orifices odorifiques indistincts.

10. **Pyrrhocorini.**

2 (1) Des ocelles. Membrane avec cinq nervures au plus.

3 (4. 5) Yeux pédonculés. (Tête très-large ; stigmates des cinquième et

sixième segments ventraux situés sur le ventre et non sur le connnexivum. (*)

4. HENESTARINI.

4 (3. 5) Yeux de forme allongée, s'étendant obliquement en arrière sur les angles antérieurs du pronotum, qui sont coupés obliquement pour les recevoir. (Tête très-courte et très-large. Clypeus sillonné longitudinalement. Stigmates des trois derniers segments situés sur le ventre).

5. GEOCORINI.

5 (3. 4) Yeux globuleux, non pédonculés, ni obliquement couchés sur l'angle antérieur du pronotum.

6 (16) Sutures ventrales entières, droites et atteignant le bord de l'abdomen.

7 (8) Joues presque aussi longues que le clypeus, s'étendant bien en avant des tubercules antennifères.

6. ARTHENEINI.

8 (7) Joues très-distinctement plus courtes que le clypeus, moins prolongées en avant des tubercules antennifères.

9 (12. 13) Stigmates abdominaux tous placés sur le connexivum.

10 (11) Ponctuation des cories nulle ou très-obsolete. Les deux nervures internes de la membrane réunies par une nervure transverse. (Pronotum ayant de chaque côté un peu en arrière du bord antérieur un sillon transverse lisse en forme d'S renversé ou d'accolade, qui, dans les autres tribus ne se remarque que dans le genre *Kleidocerus*).

1. LYGAEINI.

11 (10) Cories, pronotum et écusson très-distinctement ponctués. Nervures internes de la membrane non réunies par une nervure transverse.

2. CYMINI.

12 (9. 13) Stigmates du sixième segment abdominal situés sur le ventre, les autres sur le connnexivum. (Corps étroit, allongé, presque parallèle).

3. BLISSINI.

13 (9. 12) Les stigmates de tous les segments ou au moins des trois derniers placés sur le ventre.

(*) Connexivum : tranche abdominale.

14 (15) Ailes sans hamus*. Ventre parallèle, fortement débordé par les cories. Nervures de la membrane parallèles, simples, naissant de la base même de la membrane.

8. OXYCARENINI.

15 (14) Ailes avec un hamus sur la nervure transversale (vena connectens). Ventre ovalaire, non ou à peine débordé par les cories. Nervures de la membrane naissant de deux ou trois cellules basales.

8. HETEROGASTRINI.

16 (6) Troisième suture ventrale courbe et sinuée près des côtés qu'elle n'atteint pas (caractère seulement faiblement indiqué dans les genres *Plinthisus*, *Acompus* et *Gastrodes*). Ailes avec un hamus sur la nervure sous-costale (vena subtensa).

9. PACHYMERINI.

Trib. I. LYGÆINI.

1 (8) Bord apical de la corie droit. Angle apical externe des tubercules antennifères obtus. Insectes à couleurs vives. (Div. I. LYGÆARIA).

2 (5) Tête non renflée derrière les yeux, qui touchent les angles antérieurs du pronotum.

3 (4) Couleur rouge et noir bien tranchée. Bord postérieur des métapleures droit.

LYGAEUS. *Fab.*

4 (3) Couleur brune avec quelques taches flaves, vagues. Bord postérieur des métapleures oblique.

LYGÆOSOMA. *Spin.*

5 (2) Tête renflée derrière les yeux qui sont éloignés des angles antérieurs du pronotum.

6 (7) Fémurs inermes. Pronotum caréné longitudinalement. Quatrième article des antennes égal au deuxième.

AROCATUS. *Spin.*

7 (6) Fémurs antérieurs avec une épine près du sommet chez les mâles.

(*) Hamus : petite nervure qui part non de la base de l'aile, mais est insérée sur une des nervures principales, avec laquelle elle forme un crochet.

Pronotum non caréné. Quatrième article des antennes bien plus long que le deuxième.

CAENOCORIS. *Fieb.*

8 (1) Bord apical de la corie sinué. Angle apical externe des tubercules antennifères aigu. Insectes à coloration flave ou grisâtre variée de brun.

(Div. 2 ORSILLARIA).

9 (10) Fémurs antérieurs épineux. Rostre atteignant et dépassant même l'extrémité de l'abdomen. Corps plus grand et plus déprimé.

ORSILLUS. *Dall.*

10 (9) Fémurs antérieurs inermes. Rostre ne dépassant pas les hanches postérieures. Taille plus faible.

NYSIUS. *Dall.*

Div. 1. LYGÆARIA.

LYGÆUS. *Fab.*

1. (2) Une carène longitudinale au pronotum, atteignant le bord antérieur. Tête noire avec un petit point rouge sur la nuque.

1 L. VENUSTUS. *H.-S.* Pronotum noir avec les bords antérieurs et latéraux et une bande médiane rouge. Corie rouge avec une grande tache noire en triangle au niveau du milieu, clavus noir avec la base rouge. Membrane noire avec le bord arqué finement blanc. Segments ventraux et sternaux bordés de rouge. Long. 9-9 1/2 m.

France moyenne et méridionale. Commun à Paris sur le Cynanchum vincetoxicum.

2 (1) Carène longitudinale du pronotum écourtée en avant.

3 (8) Tête rouge et noire.

4 (5) Fémurs inermes chez les mâles. Poitrine noire.

2. L. EQUESTRIS. *Lin.* Pronotum noir en avant et en arrière, au milieu une bande transverse rouge, irrégulière, trifide en avant. Corie rouge, une bande noire sur le milieu; un point noir au milieu

du clavus, qui est rouge avec le sommet rembruni. Membrane noire, une tache centrale ronde, une à la base et le bord arqué blancs. Ventre rouge, chaque segment avec deux taches noires de chaque côté, à la base, l'une au côté externe, l'autre près du milieu, dernier segment noir. Long. 10-12 m.

Commun dans toute la France.

5 (4) Fémurs épineux en dessous chez les mâles. Poitrine avec trois taches rouges de chaque côté.

6 (7) Bords externe et apical de la corie rouges.

3 L. MILITARIS. *Fab.* Pronotum rouge sur les bords latéraux et avec une bande médiane longitudinale irrégulière de même couleur, large à la base et étroite en avant où elle n'atteint pas le bord antérieur. Corie rouge, une bande noire transverse au milieu ; clavus rouge avec le sommet obscur et une tache noire un peu avant le sommet. Membrane noire, son bord arqué concolore, une tache blanche ronde centrale et une ou deux petites à la base. Chez les exemplaires d'Algérie la membrane est entièrement blanche. Ventre rouge, la base des segments noire au milieu au moins, une tache triangulaire à la base au côté externe et une arrondie sur chaque stigma. Long. 12 à 14 m.

France méridionale.

7 (6) Bords externe et apical de la corie noirs.

4. L. SAXATILIS. *Scop.* Pronotum noir avec une ligne rouge latérale souvent interrompue et une médiane raccourcie avant le bord antérieur. Cories noires sur les bords, le centre irrégulièrement rouge et portant une tache noire souvent confluente avec les bords. Clavus rouge à la base, obscur à l'extrémité, une tache noire ronde vers le dernier tiers. Membrane obscure. Ventre à peu près comme dans le L. militaris, coloration noire plus tendue. Long. 10-11 m.

Toute la France, assez commun.

8 (3) Tête noire.

10) Bord antérieur du pronotum noir. Membrane noire avec une tache centrale blanche. Premier article du bec plus long que le dessous de la tête.

5. L. Apuans. *Rossi (punctum Fab.)* Pronotum rouge, le bord antérieur noir ainsi que le disque dont le milieu est occupé par une tache médiane rouge, large en arrière et étroite en avant. Corie rouge avec une petite tache noire, ronde, sur le milieu, clavus obscur. Poitrine noire; ventre rouge, le dernier segment et la base du premier, noirs. Long. 7-8.

Commun dans la France méridionale, plus rare dans la région moyenne, paraît manquer dans le Nord : Provence, Languedoc, Pyrénées, Rouen, Paris, Vosges, etc.

10 (9) Bord antérieur du pronotum rouge. Membrane noire avec une tache centrale et une apicale blanches. Premier article du bec aussi long que le dessous de la tête.

6. L. Punctatoguttatus. *Fab.* Pronotum rouge, la moitié postérieure noire avec une ligne rouge dans le milieu. Clavus rouge. Ventre rouge sur les segments intermédiaires ; une tache noire sur chaque segment du connexivum qui n'est pas caché par les cories. Membrane quelquefois écourtée. Long. 5.

Variet. Tibias et genoux rouges. Variété propre aux régions méridionales et surtout à l'Algérie.

Commun dans la France méridionale, plus rare dans la France moyenne et ne paraît pas aller au nord au-delà de Paris.

LYGÆOSOMA. *Spin.*

1. L. Reticulatum. *H -S. (Sardeum Spin.)* Oblong, noir, opaque, à pubescence grise veloutée. Pronotum d'un gris jaunâtre ou brunâtre, à forte ponctuation noire, confluente surtout en avant, mais laissant libre la ligne médiane, les angles postérieurs et les bords ; sommet de l'écusson flavescent. Elytres d'un gris brunâtre, avec un fin réseau de nervures pâles, souvent peu apparent Membrane noire, le bord arqué blanchâtre et une tache blanche au milieu du bord basilaire. Genoux, tibias, taches aux cotyles et

au connexivum et bords des segments pleuraux jaunâtres. Membrane quelquefois écourtée à moitié. Long. 4.

France méridionale : Provence, Languedoc, Pyrénées, Landes, île d'Oléron, Yonne, Morbihan.

AROCATUS. *Spin.*

1 (2) Extrémité des cories noire. Connexivum annelé de noir et de rouge. Tête moins longue que large à la base. Bec atteignant les hanches intermédiaires.

   1. A. Melanocephalus. *Fab* Oblong, rouge et noir, à fine pubescence grise. Antennes noires, les deux derniers articles rougeâtres; tête noire ; pronotum avec le bord antérieur et les latéraux rouges, une grande tache transverse rouge le long du bord postérieur ; élytres rouges, le bord externe et une grande tache apicale triangulaire d'un noir bronzé. Orifices, hanches, cotyles et bords des segments sternaux rouges. Ventre rouge, des taches noires sur les stigmates, dos de l'abdomen rouge, le dernier segment noir. Pattes rouges, un large anneau aux fémurs et base des tibias noirs. Long. 6-6 $^1/_2$.

    Une grande partie de la France, mais rare : Paris, Avignon, Pyrénées, Vosges, etc.

2 (1) Extrémité des cories rouge. Connexivum rouge. Tête au moins aussi longue que large à la base. Bec dépassant les hanches postérieures. Pattes et antennes noires.

   2. A. Rœselii. *Schml.* Oblong, noir et rouge, finement pubescent. Tête, écusson, pattes et antennes entièrement noirs. Pronotum avec les bords antérieurs et latéraux rouges, ainsi que une tache vague au milieu du bord postérieur. Elytres rouges avec une grande tache discoidale noire qui ne touche aux bords que sur une faible portion du bord externe; membrane d'un noir un peu bronzé. Orifices et bord postérieur des métapleures rouges, taches flaves aux cotyles. Abdomen rouge, le segment anal et des taches sur les stigmates noirs. Long. 6-7.

    Rare : Paris, Yonne, Vosges, Lyon, Pyrénées.

Var. **Intermedius**. Je possède un exemplaire de Corse qui a les genoux et les tibias rouges moins la base et le sommet et les côtés de la poitrine presque entièrement rouges. Il a le bec long comme le type.

CÆNOCORIS. *Fieb.*

1. C. Nerii. *Germ.* Allongé, d'un noir bleuâtre, finement pubescent; tête rouge avec une ligne médiane noire n'atteignant pas le bord postérieur; angle postérieur du pronotum avec une tache triangulaire rouge; la base des élytres sur une faible étendue, le bord postérieur et la commissure rouges; membrane d'un noir bleuâtre. Extrémité de l'écusson, bord postérieur des pro et métastethium, hanches et ventre rouges, ce dernier avec une ligne de taches noires sur le milieu des flancs. Long. 9-10.

Doit se trouver en Provence et en Corse sur le laurier rose; je n'en ai cependant pas vu d'exemplaire de France.

Div. 2. ORSILLARIA.

ORSILLUS. *Dall,*

(*Mécorhamphus. Fieb.*)

1 (2) Bec atteignant l'extrémité de l'abdomen. Troisième et quatrième segments ventraux non sillonnés.

1. O. Maculatus. *Fieb.* (*Longirostris M. R.*) Oblong, déprimé, rétréci en avant, fortement ponctué, d'un roux grisâtre flavescent, plus foncé et plus roux sur la tête et le lobe antérieur du pronotum que sur le lobe postérieur, un point brun sur la ligne médiane un peu avant le bord antérieur du pronotum. Dessous de la tête presque noir. Membrane grisâtre à fines mouchetures transparentes blanches. Connexivum roussâtre avec une large tache pâle à la base de chaque segment. Tête allongée; yeux peu saillants. Deuxième article des antennes plus long que dans le *depressus.* Long. 7-8. C'est bien l'espèce décrite par Fieber puisqu'il indi-

que que le bec atteint l'extrémité de l abdomen et qu'il ne donne pas la base du ventre comme sillonnée.

Provence, Avignon, sur les pins et cyprès.

2 (1) Bec atteignant seulement le troisième segment ventral.

3 (4) Un trait longitudinal noir sur le pronotum. Troisième et quatrième segments ventraux un peu sillonnés. Tête assez courte ; yeux forts et saillants.

    2. O. Depressus *Mls. Rey.* Oblong. déprimé, peu rétréci en avant, fortement ponctué, d'un roux grisâtre flavescent comme dans le précédent, un peu plus foncé sur le connexivum qui est aussi plus largement annelé de pâle. Tête bien plus courte, yeux plus gros et plus saillants, pronotum plus convexe, plus large en avant. Poitrine largement noire. Long. 7-7 $^1/_2$.

    France méridionale sur les pins et genévriers : Lyonnais, Pyrénées, Provence. Commun à la Ste-Beaume.

4 (3) Pronotum sans trait longitudinal noir. Troisième et quatrième segments ventraux fortement sillonnées. Tête allongée, yeux petits.

    3. O. Reyi. *Put. (planus Mls. R.)* Oblong, très-déprimé, fortement rétréci en avant, d'un roux plus jaune, plus clair et moins grisâtre que les précédents ; dessous du corps non rembruni ; connexivum non annelé mais finement marbré. Pronotum sans ligne ni tache noire, sa dépression transverse située au milieu et non avant le milieu comme dans le *depressus*. Tête aussi allongée et yeux encore plus petits que dans le *maculatus*. Long. 7-8.

    Rare, sur les pins : Hyères, St.-Tropez, Aubagne, Corse. Se trouve aussi en Algérie.

NYSIUS *Dall.*

1 (2) Lames rostrales (*) également élevées sur toute leur longueur et

---

(*) Bucculæ, lames génales (Wangenplatten Fieber), pièces prébasilaires (Muls Rey). Lames génales qui forment un canal à la base du rostre ; elles appartiennent aux joues, bien que, par abbréviation, je les nomme lames rostrales.

prolongées jusqu'au delà de la base de la tête , où elles forment un lobe libre dirigé en arrière. (*S. G. Macroparius Stal*).

1. N. Graminicola. *Kol.* Ovalaire, atténué en avant et en arrière , à pubescence fine , courte et soyeuse ; d'un flavescent pâle , ponctué de brun. Bec , pattes et antennes flaves , le premier et le deuxième articles des antennes noirâtres au sommet , cuisses ponctuées de brun. Sillons antérieurs du pronotum noirs, carène longitudinale fine , mais visible dans toute sa longueur. Carène de l'écusson blanche sur le tiers apical. Elytres entièrement flaves ou n'ayant que deux petits traits bruns le long de la suture de la membrane. Abdomen en grande partie flave, les segments de la base seuls noirâtres au milieu. Long. 4 ¹/₂ 5.

Assez rare en France : Paris , Vosges , Provence. Moins rare en Corse.

2 (1) Lames rostrales généralement plus élevées en avant qu'en arrière où elles se terminent en s'abaissant graduellement et sans former de lobe libre prolongé en arrière

3 (4) Elytres très-raccourcies, réduites à des moignons ayant à peine deux fois la longueur de l'écusson. (Chez les macroptères , · inconnus en France , les deux nervures internes de la membrane ne sont pas réunies à la base par une nervure transverse).

2. N. Jacobeae. *Schill.* D'un jaunâtre obscur à ponctuation brune très-dense. Abdomen fortement dilaté surtout chez la ♀. Dessous du corps noirâtre ainsi que les cuisses ; connexivum jaunâtre maculé de noir , ventre avec une tache jaunâtre au milieu. Antennes entièrement noires ou avec les articles deux et trois en grande partie ferrugineux. Écusson arrondi au sommet qui porte une très-courte carène blanchâtre. Élytres en forme de petites écailles triangulaires très-courtes. Long. 4-5.

Espèce alpestre : Hautes-Alpes , Mont-Genèvre , Mont-Cenis , Col-des-Ayes ; Pyrénées, Gavarnie ; Jura, les Rousses.

4 (3) Élytres complètes ; les deux nervures internes de la membrane réunies à la base par une nervure transverse.

5 (10) Marge latérale de la corie droite à la base , puis arquée et un

peu élargie à partir du tiers de la longueur. Membrane dépassant l'extrémité de l'abdomen.

6 (9) Écusson sans longue carène, ou caréné seulement à l'extrême sommet. du Carène pronotum visible seulement en avant.

7 (8) Bec entièrement noir. Élytres grisâtres, opaques, non transparentes; les deux nervures de la corie ordinairement maculées de brun.

    3. N. Thymi. *Wolff.* Ovale oblong, peu brillant, grisâtre ponctué de noir; dessous du corps noir, les orifices et des taches aux cotyles blanchâtres. Antennes noires, les articles deux et trois largement jaunâtres. Cuisses fortement ponctuées de noir. Écusson noirâtre, l'extrême sommet à peine blanchâtre. Bord apical de la corie avec une ligne noire complète ou décomposée en trois traits; les deux nervures de la corie ordinairement maculées de noir. Membrane transparente, souvent avec des nébulosités dans l'intervalle des nervure. Long. 4.

    Toute la France, mais bien moins commun que le senecionis.

    Obs. Le *N. Maculatus. Fieb.*, dont je n'ai pas de types, ne paraît qu'une variété plus noire de cette espèce dans laquelle le pronotum est d'un noir plus uniforme avec quatre taches discoïdales et les bords étroitement flavescents, le ventre presque entièrement noir ainsi que les cuisses.

8 (7) Bec en grande partie flave. Élytres d'un flave blanchâtre, transparentes, brillantes, les deux nervures de la corie ordinairement immaculées. Sommet de l'écusson plus largement flave.

    4. N. Senecionis. *Schill.* Ovale oblong, un peu brillant, d'un flave blanchâtre, pontué de brun. Dessous du corps noirâtre, pattes, orifices, cotyles et une grande partie du ventre flavescents, cuisses légèrement ponctuées de noir. Antennes flaves, le quatrième article, le sommet du premier et la base des deuxième et troisième noirâtres. Écusson noir à la base, sa pointe carénée et blanchâtre. Élytres presque transparentes, d'un flave blanchâtre, deux ou trois traits bruns au bord postérieur le long de la suture de la membrane. Long. 4.

    Commun dans toute la France.

Variet. (*Fuliginosus. Fieb.*?) Antennes entièrement flaves, cuisses à peine ponctuées de noir; tête et pronotum un peu plus rougeâtres; taille plus faible. Long. 3 $^1/_2$. France méridionale, Marseille, Cette. Le N. Fuliginosus, d'après la description de Fieber, doit avoir les cories ponctuées de brun à l'extrémité, ce qui n'existe pas dans mes exemplaires, mais les antennes sont bien entièrement flaves.

9 (6) Écusson avec une carène haute, lisse, flave, éburnée sur ses trois quarts postérieurs au moins. Carène du pronotum visible sur toute sa longueur. Taille plus grande.

5. N. Helveticus. *H.-S.* (*Obsoletus Fib. ericae Boh.*) Oblong, allongé, plus grand et plus étroit que les précédents et élytres peu dilatées latéralement, surtout chez le mâle, ce qui lui donne la forme du suivant. D'un flave grisâtre, ponctué de noir, très-obsolètement pubescent. Antennes noirâtres avec des portions testacées. Cuisses densement ponctuées de noir. Élytres d'un flavescent grisâtre, non transparentes, non ponctuées de brun, le bord postérieur brun près de la suture de la membrane, les nervures de la corie en partie brunâtres. Membrane hyaline, les intervalles des nervures souvent légèrement enfumés. Long. 5-5 $^1/_2$.

Var. Brunneus Fieb. Cories d'un testacé plus roux, les nervures concolores; membrane avec une petite tache vague brune au milieu de son bord basilaire, contiguë au bord postérieur de la corie.

Assez rare : Vosges, Landes, Provins.

10 (5) Marge latérale de la corie droite sur toute sa longueur, non élargie ni arquée en arrière. Membrane atteignant, mais ne dépassant pas l'extrémité de l'abdomen. (*S.-G. Ortholomus Stål*).

6. N. Punctipennis. *H.-S.* (*Pubescens J. Sahlb.*) Oblong allongé, de même taille et forme que le précédent, dont il diffère, outre les caractères déjà indiqués, par une pubescence plus forte, formée de poils courts, dressés, par la carène de l'écusson plus faible et occupant à peine le tiers postérieur. Antennes entiè-

2

rement noires ou avec les articles deux et trois jaunâtres au milieu. Cuisses à ponctuation noire confluente. Pronotum avec une carèue fine sur toute sa longueur. Élytres grisâtres avec des taches brunes vagues sur la moitié postérieure, bord apical brun. Membrane ne dépassant pas l'abdomen, blanchâtre avec des traînées nébuleuses entre les nervures. Long. 5-5 $\frac{1}{2}$.

Peu commun : Landes, Cassis, Lyon, Langres, Alsace.

Trib. 2. CYMINI.

TABLEAU DES GENRES :

1 (4) Tête avec un sillon longitudinal de chaque côté. Lames rostrales courtes. Ecusson petit, plus court que la commissure du clavus. Pronotum caréné longitudinalement au milieu, tronqué à la base, bords latéraux arrondis. Corie à ponctuation forte, dense, non en ligne.

2 (3) Premier article des antennes n'atteignant pas le sommet de la tête ; deuxième article égal au troisième ou presque égal. Angle antérieur du pronotum obtus.

CYMUS.

3 (2) Premier article des antennes dépassant le sommet de la tête ; deuxième article à peine moitié du troisième. Angle antérieur du pronotum aigu, prolongé en avant.

CYMODEMA.

4 (1) Tête sans sillons de chaque côté. Lames rostrales longues. Ecusson grand, large, non caréné, plus long que la commissure du clavus. Pronotum non caréné au milieu, arrondi à la base, bords latéraux légèrement carénés. Corie à ponctuation rare et disposée en lignes. Corps à aspect velouté.

KLEIDOCERUS.

CYMUS. *Hah.*

1 (2) Ecusson avec une forte carène lisse blanchâtre. Deuxième article des antennes égal au troisième. Carène du pronotum presque entière.

1. C. GLANDICOLOR. *Hah.* Oblong, glabre, distinctement ponctué, flavescent, élytres un peu plus pâles avec une bande longitu-

dinale médiane brunâtre, vague, souvent indistincte. Dessous
du corps brun foncé, marge de l'abdomen, pattes et antennes
rousses. Long, 4 $^1/_2$.

Commun dans toute la France, dans les prairies marécageuses.

2 (1) Ecusson ponctué sur toute sa surface. Carène du pronotum visible
en avant seulement.

3 (4) Deuxième article des antennes égal au troisième. Tête brunâtre ; dos
de l'abdomen brun.

2. C. Melanocephalus. *Fieb.* Oblong, glabre, plus fortement
ponctué que le précédent. Tête plus courte, brune ainsi que
l'écusson ; pronotum roux ; élytres flavescentes avec le sommet du
clavus et de la corie brun. Long. 3 $^1/_2$.

Commun surtout dans la région méridionale et moyenne
rare vers le nord.

4 (3) Deuxième article des antennes un peu plus court que le troisième.
Tête d'un testacé pâle. Dos de l'abdomen jaunâtre.

3. C. Claviculus. *Fall.* Oblong, glabre, distinctement ponctué,
flavescent ; les élytres plus pâles ; dessous de la tête et de la poitrine bruns ; sommet de la corie un peu rembruni. Long. 3 $^1/_4$.

Toute la France.

CYMODEMA. *Spin.*

1. C. Tabidum. *Spin.* Taille et aspect du Cymus glandicolor. —
Oblong, glabre, distinctement ponctué, entièrement jaunâtre
pâle, le dernier article des antennes et un peu le milieu de la
poitrine bruns, la suture de la membrane et le sommet du clavus
souvent brunâtres. Une carène médiane blanche, lisse sur le lobe
antérieur d pronotum et sur l'écusson. Long. 4 $^1/_2$.

Rare : Fréjus, Collioure, Corse.

KLEIDOCERUS. *Westw.*
(Ischnorhynchus *Fieb.*)

1. K. Didymus. *Zett.* (*Resedæ Pz.*) Ovale, oblong, déprimé, d'un
flavescent jaunâtre, assez fortement ponctué. Tête roussâtre ainsi

que le bord antérieur du pronotum et l'écusson moins la base. Antennes noires, les deuxième et troisième articles roux avec la base et l'extrémité noires. Une bande transverse noire sur le pronotum après le bord antérieur. Elytres d'un flavescent grisâtre, presque transparentes, deux petites taches noires ponctiformes sur le milieu de la corie et quatre autres sur le bord postérieur, une à l'angle externe, une à l'angle interne et les deux autres dans l'intervalle. Dessous du corps et abdomen en grande partie noirs, pattes rousses. Long. $5\,^{1}/_{2}$ avec la membrane.

Toute la France, commun.

2. K. Geminatus. *Fieb.* Ne diffère du précédent que par la taille très-notablement plus faible, ses antennes qui ont ordinairement le premier article jaunâtre, moins la base ; la teinte générale est plus pâle, plus grise ; le pronotum n'a de noir que les sillons en S. transversale ; cependant on peut le considérer comme distinct en raison de son habitat bien défini sur les bruyères. Long. 4 (avec la membrane).

Fréjus, Hyères, Collioures, île d'Oléron, Corse, Versailles.

Trib. 3. BLISSINI.

1 (2) Cotyles antérieures fermées en arrière. Corps allongé, déprimé. Antennes plus longues que la tête et le thorax réunis. Dans la forme macroptère, bord apical de la corie droit ; dans la forme brachyptère, hemielytres au moins trois fois plus longues que l'écusson.

Ischnodemus.

2 (4) Cotyles antérieures ouvertes en arrière. Antennes pas plus longues que la tête et le pronotum réunis. Dans la forme brachyptère, hemiélytres, un peu plus longues que l'écusson.

3 (4) Fémurs antérieurs mutiques. Corps allongé, déprimé.

Dimorphopterus.

4 (3) Une épine aux fémurs antérieurs. Corps plus oblong, moins déprimé. Dans la forme macroptère, non connue en France, le bord apical de la corie est sinué.

Blissus.

ISCHNODEMUS. *Fieb.*

(MICROPUS. *Spin.*)

1. I. Sabuleti. *Fall. (Quadratus. Fieb. decurtatus H.-S.)* Allongé,
parallèle, noir, opaque, bord postérieur du pronotum pâle surtout
aux angles, pattes flaves avec le milieu des fémurs noir. Elytres
flavescentes à nervures brunes, très-souvent écourtées. Cinquième
segment ventral échancré mais non jusqu'à la base dans la femelle.
Long. 4 $^1/_2$—6.

Assez commun dans toute la France méridionale : Provence,
Avignon, Béziers (sur les Cistes), Toulouse, Pyrénées. — Fieber
l'indique sur l'arundo phragmites.

2. I. Genei. *Spin. (Decurtatus. Fieb.)* Diffère du précédent par les
caractères suivants : Antennes plus courtes, yeux plus petits,
moins saillants, pronotum plus long, plus rétréci en avant, bande
jaune du bord postérieur du pronotum plus égale, moins élargie
aux épaules ; abdomen plus long, connexivum roux et souvent
le dos de l'abdomen de cette couleur. Corps plus allongé. —
Cinquième segment ventral entièrement fendu chez la femelle. —
Exemplaires macroptères et brachyptères. Long. 4-6.

Plus rare que le précédent : Hyères, Agde, Toulouse, Lille.

DIMORPHOPTERUS. *Stal.*

1. D. Spinolæ. *Sign.* Allongé, noir, très-finement pubescent, tête
et pronotum fortement ponctués, assez brillants. Bord postérieur du pronotum un peu plus roussâtre. Pattes et les trois
premiers articles des antennes roux, les fémurs plus obscurs.
Chez les exemplaires macroptères la membrane est un peu plus
courte que l'abdomen, blanchâtre avec trois nervures simples,
rousses, la corie est jaunâtre avec l'angle postérieur externe très-
allongé, brun. Chez les brachyptères, les élytres sont réduites à
de petites écailles brunes, coupées obliquement en dedans et un
peu plus longues que l'écusson. Long. 4 $^1/_2$.

Très-rare : Dunes de St.-Quentin, Paris, Strasbourg, île
d'Oléron.

BLISSUS. *Klug*.

1. B. Dorlæ. *Ferrari*. Etroitement ovale, noir, peu brillant, à poils pâles, assez fortement ponctué; antennes, bec, orifices, taches sur les cotyles, pattes et bord postérieur du pronotum d'un testacé rougeâtre, dernier article des antennes noirâtre, élytres réduites à une petite écaille triangulaire d'un brun roux; abdomen un peu dilaté sur les côtés, son dos finement ruguleux en tra ers. Long. 2 ¹/₂.

Très-rare : Hyères.

Trib. 4. HENESTARINI.

1 „ Lames rostrales hautes en avant et presque nulles en arrière, où le premier article du bec est bien à découvert.

HENESTARIS.

2 (1) Lames rostrales aussi hautes ou même plus hautes en arrière qu'en avant, dépassant même le bord antérieur du sternum. Corps plus court.

ENGISTUS.

HENESTARIS. *Spin*.

1. H. Laticeps. *Curtis*. (*Halophilus Burm.*) Oblong, flavescent plus ou moins brunâtre, ponctué de brun, à fine pubescence blanche. Tête avec les yeux plus large que le pronotum. Le bord interne des yeux, la ligne médiane de la tête et du pronotum et ses angles postérieurs non ponctués de brun. Un calus élevé, blanchâtre, de chaque côté de la base de l'écusson. Cories plus ou moins brunes au bord postérieur et à l'angle interne. Membrane complète, blanchâtre, plus ou moins veinée. Premier article des antennes et le dernier plus ou moins bruns. Long. 5-6.

France méridionale : Provence, Cette, Avignon, Landes. Très-rare plus au nord, trouvé cependant à Metz, par M. Bellevoye, et sur les côtes de Picardie, à Ault. (Jules Ray).

ENGISTUS. *Fieb*.

1. E. Boops. *Dufour*. (*Bruckii. Fieb.*) D'un blanc jaunâtre, glabre en dessus et couvert de gros points enfoncés presque ocellés. Yeux

pétiolés, débordant les angles antérieurs du pronotum, peu relevés, mais presque étendus horizontalement. Pronotum plus large que long, un peu plus large en arrière qu'en avant, bord postérieur coupé à peu près droit; un petit point noir de chaque côté sur le calus antérieur. Ecusson à peine visiblement caréné, de chaque côté de sa base un calus très-peu élevé. Elytres avec quelques petites taches brunes ponctiformes sur leur dernière moitié et sur la membrane, ces taches sont très-faibles et même peuvent disparaître. Connexivum avec une tache brune peu apparente sur chaque segment. Dessous du corps très-finement pubescent, le milieu de la poitrine brunâtre, cuisses légèrement ponctuées de brun. Bord postérieur des métapleures coupé droit. Long. 4.

Très-rare : Rognac, au bord de l'étang de Berre, au pied des Salsolacées, Cette (Lethierry), Pau (Mink, cité par Fieber).

Obs. On trouve à Madrid une espèce (*Commendatorius* Perez, inéd.), qui me paraît différer de la précédente par les caractères suivants : Plus large proportionnellement; yeux plus longuement pétiolés, relevés au-dessus du niveau du pronotum, de sorte que, vus depuis en avant, ils ne sont pas étendus horizontalement, mais forment entre eux un angle très-accusé; pronotum plus large, moins rétréci en avant, à calus antérieurs et angles postérieurs plus saillants, à bord postérieur presque anguleusement arrondi en arrière devant l'écusson; callosités de l'écusson plus fortes; bord postérieur des métapleures formant un angle très-évident et dirigé en arrière au niveau du tiers externe. Des deux exemplaires femelles que j'ai vus, l'un est d'un flave légèrement verdâtre tout-à-fait sans taches, l'autre au contraire présente des points et de petites taches très-nombreuses sur les cories, la membrane, les pattes et le dessous du corps. Long. 4.

M. Stål, en décrivant l'*E. exsanguis* de Biskra le distingue du *Bruckii* par des caractères qui sont en grande partie ceux qui m'ont permis de distinguer les deux espèces précédentes; je crois donc que son E. Bruckii est le commendatorius; et que son exsanguis n'est qu'une variété du Boops, distincte seulement par sa couleur plus jaune, l'absence de taches, les reliefs de l'écusson et du pronotum moins sensibles. Mais les insectes de ce genre sont si rares dans les collections qu'il est prudent d'attendre pour fixer les espèces et la synonymie.

Trib. 5. GEOCORINI.

GEOCORIS. *Fall.*

(OPHTHALMICUS *Schill.*).

1 (*1*) Pronotum plus large que long, rarement carré, sans ligne médiane blanche.

2 (3) Pronotum unicolore, noir (fauve dans la variété). Deuxième article du bec un peu plus long que le troisième.

    1. G. Erytrocephalus. *Lep.* Noir, tête et pattes rousses, quelquefois les cuisses brunes, pourtour des cotyles flave, ainsi que le bord antérieur du sternum, les orifices et l'extrémité de l'écusson. — Quelquefois le bord externe de la corie roussâtre. Long. 3 $^1/_2$ 4.

    France méridionale : Avignon, Montpellier, Cette, Toulouse, Pyrénées.

    Variet. Entièrement d'un fauve roussâtre. Cette.

3 (2) Pronotum noir avec les bords en partie ou en entier flaves. Deuxième article du bec plus court que le troisième.

4 (5) Corie et clavus soudés, membrane rudimentaire.

    2. G. Grylloïdes. *Lin.* Noir, brillant, tous les bords du pronotum et des cories, sommet de l'écusson, cotyles, orifices, connexivum, devant de la tête et pattes d'un flave blanchâtre. Long. 4-5.

    Rare : Nord, Dunkerque, Paris, Vosges.

5 (4) Corie et clavus bien distincts, membrane entière.

6 (7) Ponctuation du pronotum très-forte et très-espacée. Bord postérieur du pronotum ordinairement pâle ainsi que les angles postérieurs.

    3. G. Siculus. *Fieb.* D'un noir brun, brillant, élytre d'un flave pâle, devant de la tête, bords antérieur et postérieur du pronotum, ce dernier plus largement aux angles, pointe de l'écusson, pattes,

cotyles et devant du prosternum flaves ; les cuisses ordinairement brunes chez les exemplaires du Nord, qui sont en général moins pâles. Espèce assez variable comme coloration. Long. 3 $\frac{1}{2}$ 4.

Var. Mediterraneus. Les exemplaires de Corse (comme ceux de Gênes, etc.) ont généralement le bord postérieur du pronotum noir, excepté les angles, comme le semipunctatus.

Dunkerque, Avignon, Tarbes, Landes, Corse.

7 (6) Ponctuation du pronotum assez fine et très-serrée. Bord portérieur du pronotum ordinairement noir avec les angles et une tache médiane flaves. Taille plus faible.

4. G. Pallidipennis Costa (*Semipunctatus Fieb.*).Noir, élytres d'un flave blanchâtre, ainsi que le bord antérieur de la tête, trois petites taches au bord antérieur du pronotum , les angles postérieurs largement et une petite tache au milieu du bord postérieur , les cotyles, l'angle externe du metasternum, le connexivum et les genoux. Angle interne de la corie souvent un peu rembruni.— Les ♂ ont les pattes plus largement pâles et quelquefois le bord postérieur du pronotum aussi. Long. 3.

France méridionale : Avignon, Cette, Tarbes, Arcachon.

Obs. Le *semipunctatus. Fieb.* ne me paraît qu'une variété peu importante du *pallidipennis* Costa. Ce dernier doit avoir le bord postérieur du pronotum étroitement blanchâtre entre les angles et la tache médiane, et l'angle interne de la corie doit avoir une tache brunâtre un peu plus visible. J'ai vu un exemplaire de Tarbes qui répond à ce signalement et je possède un exemplaire de Naples, qui ne diffère en rien des semipunctatus du midi de la France.

Le *G. megacephalus Rossi,* qui se trouve dans le Valais et le Nord de l'Italie est voisin de cette espèce et en diffère par ses élytres plus brunes et son pronotum d'un noir plus brun.

Le *g. pygmaeus Fieb.*, qui se trouve à Gênes et en Espagne en est aussi très-voisin , il est plus large et a une grande tache brune à l'extrémité de la corie.

8 (1) Pronotum plus long que large, une ligne médiane pâle sur presque toute sa longueur.

9 (10) Elytres entièrement noires.

5. G. Ater. *Fab.* Noir brillant, bord antérieur du posternum, cotyles, hanches, genoux et tibias flaves ; ligne médiane flave du pronotum un peu raccourcie en arrière. Membrane ordinairement très-raccourcie, mais souvent cependant complète et transparente. Long. 3 ¹/₂.

Rare : Nord, Paris, Vosges, Gray, Lyon.

10 (9) Elytres noires et flaves.

11 (12) Elytres flaves avec le bord externe et le plus souvent aussi l'interne noirs. Membrane plus courte que l'abdomen.

6. G. Albipennis. *Fab.* Noir, brillant, bord antérieur du prosternum, cotyles, hanches et pattes flaves, fémurs postérieurs bruns. Elytres de couleur assez variable, soit flaves avec la base du bord externe et la commissure brune, soit brunes avec une bande longitudinale flave plus ou moins large. Membrane un peu moins longue que l'abdomen. Long. 3 ¹/₂. — N'est peut-être qu'une variété du *G. ater.*

Très-rare en France : Hyères.

12 (11) Elytres flaves avec l'extrémité plus ou moins noire le long de là suture de la membrane. Membrane plus longue que l'abdomen.

7. G. Lineola. *Ramb.* Noir, brillant ; deux taches en avant de la tête, bord antérieur du prosternum, cotyles et pattes flaves, fémurs ordinairemenr bruns, surtout les antérieurs et quelquefois tous flaves ; ligne flave du pronotum raccourcie en arrière. Cories blanchâtres avec la suture de la membrane brune, surtout à l'angle interne Un exemplaire avec tous les fémurs pâles. Long. 3.

Var. Distinctus. Fieb. La teinte brune de l'extrémité de la corie plus étendue, atteignant quelquefois le milieu ; tête sans taches flaves ; fémurs généralement tous brunes. Se trouve avec le type.

France méridionale : Avignon, Marseille, Corse.

Trib. 6. ARTHENEINI.

TABLEAU DES GENRES :

1 (2) Yeux petits; un sillon longitudinal superficiel sur le pronotum. Lames rostrales bien distinctes et égales sur tout le dessous de la tête; prosternum sillonné.

ARTHENEIS.

2 (1) Yeux grands; pronotum sans sillon longitudinal. Lames rostrales peu visibles et seulement en avant.

3 (4) Tête bisillonnée seulement en avant. Rostre long, atteignant l'extrémité du mesosternum. Prosternum non sillonné.

CHILACIS.

4 (3) Tête bisillonnée en avant et en arrière. Rostre court, atteignant l'extrémité du prosternum. Prosternum sillonné.

HOLCOCRANUM.

ARTHENEIS. *Spin.*

1. A. FOVEOLATA. *Spin.* D'un jaune paille pâle, opaque, fortement et densement ponctué; dernier article des antennes, base de l'écusson et une tache triangulaire à la base de chaque segment du connexivum, bruns; une tache brune au milieu du bord externe de la corie et quelques autres plus ou moins apparentes le long de la suture de la membrane. Ecusson avec deux carènes élevées, convergentes, formant un V. Long. 3.

France méridionale sur le Tamarix : Provence, Arles, Cette, Toulouse, Pyrénées, Corse.

CHILACIS. *Fieb.*

1. C. TYPHAE. *Perris.* Jaunâtre, brillant, glabre, avec une forte ponctuation brune; dessous de la tête et de la poitrine noirs; cotyles et angles postérieurs des segments pleuraux pâles; une tache brune vague à l'angle interne de la corie et une plus petite à l'angle externe; bords latéraux de l'écusson calleux, pâles et lisses, le milieu brun, ponctué de noir; des lignes brunes et pâles longitudinales sur la tête. Long. 4 $^{1}/_{2}$.

Très-rare, sur le Typha latifolia : Landes, Avignon, Lille.

HOLCOCRANUM. *Fieb*.

1. H. Saturejae. *Kol*. D'un flave grisâtre, ponctué de noir, brillant, glabre. Sillons de la tête bruns, ainsi que la poitrine et le ventre moins les bords; écusson noirâtre avec un trait flavescent de chaque côté. Bords du pronotum transparents, non ponctués de noir, son disque avec quatre très-faibles carènes effacées en arrière. Connexivum alternativement brun et flavescent. Cuisses plus ou moins rembrunies. Long. 3.

Espèce de la Russie méridionale dont je n'ai vu qu'un exemplaire de France, trouvé en mars 1877, par le frère Thelesphore, à Avignon, sur une tige d'Euphorbia Characias.

Trib. 7. HETEROGASTRINI.

TABLEAU DES GENRES :

1 (2) Fémurs antérieurs avec une épine en dessous. Pronotum non transverse, ses côtés seulement obsolètement marginés, sinués.

HETEROGASTER.

2 (1) Fémurs mutiques. Pronotum transverse, ses côtés avec une expansion marginale, non sinués. Corps plus court; yeux moins saillants.

PLATYPLAX.

HETEROGASTER. *Schill.*
(PHYGADICUS *Fieb*.).

1 (4) Cuisses, hanches et cotyles noires.

2 (3) Deuxième article des antennes noir. Tibias flaves au milieu.

1. H. Nepetæ. *Fieb.* (*rufescens H.-S.*). Noir, brillant, un peu pubescent, fortement ponctué, une petite tache sur le vertex flave, ainsi que le sommet de l'écusson, les élytres, des taches sur le connexivum, la base des deux derniers articles des antennes. Membrane transparente, blanche. Lobe postérieur du pronotum flave ponctué de noir. Une grande tache noire à l'extrémité des cories, dont elle n'atteint pas l'angle externe. Cette tache manque souvent (*var. bicolor Kol.*). Long. 7.

Rare : Digne, Briançon.

3 (2) Deuxième article des antennes rougeâtre. Tibias avec la base et l'extrémité et un petit anneau médian noirs.

    2. H. Semicolon. *Fieb. (affinis H.S.).* Noir, un peu pubescent, fortement ponctué ; lobe postérieur du pronotum testacé, ponctué de noir, un point jaunâtre au milieu du bord antérieur. Une ligne flave sur l'écusson s'étendant du sommet jusqu'à près de la moitié de sa longueur. Elytres testacées avec le sommet bordé de brun ; connexivum avec des taches de même couleur. Membrane transparente, légèrement jaunâtre avec deux petites taches brunes au milieu. Les exemplaires de Tarbes ont le deuxième article des antennes presque entièrement noir. Long. 7.

    Rare : Yonne, Tarbes, Lamarche (Vosges).

4 (1) Base des cuisses, hanches et cotyles flaves ou testacées.

5 (6) Tibias avec trois anneaux noirs.

    3. H. Urticæ. *Fab.* D'un noir légèrement bronzé, brillant, à longs poils, fortement ponctué. Lobe postérieur du pronotum avec une tache pâle médiane vague, se décomposant presque en deux lignes longitudinales. Extrême sommet de l'écusson flave, ainsi que des taches sur le connexivum, les trois derniers articles des antennes, le milieu du ventre et les élytres, ces dernières ponctuées de brun, avec quelques petites taches brunes. Membrane transparente, avec deux petites taches noirâtres au milieu. Long. 6 ½—7.

    Toute la France et la Corse, commun.

6 (5) Tibias avec la base noire et le sommet brun.

    4. H. Artemisiae. *Schill.* Noir, à duvet cendré, fortement ponctué. Antennes en partie roussâtres, ainsi que le lobe postérieur du pronotum, le sommet de l'écusson, des taches au connexivum et les élytres ; celles-ci avec une petite tache brune (quelquefois invisible) à l'angle postérieur interne. Membrane transparente, sans taches. Plus petit et plus étroit que les précédents. Long. 5-5 ½.

    Toute la France et la Corse.

PLATYPLAX. *Fieb.*

1. P. Salviae. *Schill.* Jaune pâle grisâtre, ponctué et tacheté de noir. Tête, écusson et poitrine noirs, une tache jaunâtre sur le vertex, deux traits sur l'écusson et son sommet jaunâtres. Lobe antérieur du pronotum plus densement ponctué de noir. Antennes noires avec le deuxième article et le sommet du premier jaunâtres. Membrane blanchâtre. Pattes ponctuées et maculées de noir, une grande tache noire sur chaque segment du connexivum. Bord des segment pectoraux et des cotyles flaves. Long. 6 $^{1}/_{2}$.

Toute la France et la Corse sur la Salvia pratensis.

Les exemplaires méridionaux sont ordinairement plus petits, la tache flave du vertex se prolonge et forme une ligne sur toute la tête, le connexivum plus étroit déborde les cories. Ile ne paraissent pas spécifiquement distincts.

Trib. 8. OXYCARENINI.

1 (2) Elytres très-convexes, de substance homogène, coriace, à ponctuation très-forte, ne présentant pas de distinction de corie, clavus et membrane. — Fémurs antérieurs inermes.

ANOMALOPTERA.

2 (1) Elytres déprimées ou peu convexes; clavus et membrane bien distincts de la corie.

3 (8) Lames rostrales très-courtes, distinctes seulement à la partie antérieure de la tête. Fémurs antérieurs inermes, ou avec une seule épine très-distincte qui très-rarement est suivie d'une autre très-petite et à peine visible.

4 (7) Fémurs antérieurs inermes. Premier article du bec n'atteignant pas le milieu de la tête.

5 (6) Premier article des tarses postérieurs aussi long que les deux suivants réunis. Corps poilu. Premier article des antennes peu épais.

CAMPTOTELUS.

6 (5) Premier article des tarses postérieurs plus long que les deux suivants réunis. Corps glabre. Premier article des antennes épais.

MACROPTERNA.

7 (4) Fémurs antérieurs avec une épine assez grande suivie quelquefois d'une autre très-obsolète.

MICROPLAX.

8 (3) Lames rostrales longues, élevées et également sur toute la longueur du dessous de la tête. Fémurs antérieurs armés de deux ou plusieurs fortes épines.

9 (10) Tubercules antennifères très-saillants et divergents en dehors. Clypeus, surtout chez le mâle, terminé par un prolongement lamelliforme dilaté, arrondi au sommet et rétréci à la base. Deuxième article du bec dépassant la base de la tête.

METOPOPLAX.

10 (9) Tubercules antennifères peu saillants et non dirigés en dehors. Clypeus non dilaté au sommet, mais régulièrement atténué de la base vers le sommet.

11 (12) Bec court, n'atteignant pas le milieu du mesosternum. Deuxième article n'atteignant que la base de la tête.

BRACHYPLAX.

12 (11) Bec long, atteignant les hanches postérieures, quelquefoies même le deuxième segment abdominal. Deuxième article atteignant les hanches antérieures.

OXYCARENUS.

ANOMALOPTERA. *Perris.*

1. A. HELIANTHEMI. *Perris.* Ovalaire, très-convexe, noir, opaque, très-ponctué. Bord antérieur du pronotum largement gris-blanchâtre. Les articles deux et trois des antennes blancs. Elytres globuleuses, d'un gris-blanchâtre, fortement ponctuées de brun et parsemées de petites taches brunes, les nervures élevées, lisses, blanchâtres. Pattes blanchâtres, les fémurs noirs. Long. 2 $\frac{1}{4}$.

Landes, sur Helianthemum guttatum; Corse. Les exemplaires de Corse notablement plus petite (2 mill.) et de couleur plus obscure.

CAMPTOTELUS. *Fieb.*

1. C. LINEOLATUS. *Schill.* Allongé, noirâtre, opaque, densement ponctué, à pubescence assez forte; deuxième article des antennes ferrugineux, le premier n'atteignant pas le sommet de la tête. Pronotum rétréci en avant, bord antérieur et lobe posterieur passant au ferrugineux. Elytres d'un gris flavescent, les nervures

fortes, brunes, une étroite bordure brune au bord postérienr de la corie ; clavus imponctué ; membrane très-grande, transparente, grise, avec cinq fortes nervures brunes, les deux externes souvent réunies par une petite nervure transverse. Sutures pleurales, orifices, hanches et pattes flaves ; cuisses noires ainsi que la base et le sommet des tibias. Long. 3-3 $^1/_2$.

Très-rare : Prades (Signoret), doit se rencontrer en Provence, parce qu'il se trouve à Gênes à la racine de l'Eryngium campestre (Docteur Ferrari).

Obs. Le C. Cortalis. *H.S.*, qui se trouve en Allemagne, diffère par sa taille plus petite, le prolongement céphalique moins long, non dilaté en avant, le premier article des antennes atteignant le sommet de la tête, les nervures de la corie plus fortes, la membrane plus courte, plus étroite, le pronotum noir, le troisième articles des antenne jaunâtre comme le deuxième.

MACROPTERNA. *Fieb.*

1 (4) Pronotum entièrement noir.

2 (3) Ecusson entièrement noir. Pronotum fortement ponctué, opaque.

1. M. Convexa. *Fieb.* Noir, ovalaire, attenué en avant, fortement ponctué, opaque, glabre ; deuxième article des antennes, genoux, tibias et tarses flaves. Elytres blanchâtres, leur base très-étroitement noire, une large bande apicale noire occupant toute leur moitié postérieure. Membrane très-grande, noire, une très-étroite ligne blanche à la base, ainsi que un arc à l'extrémité et une large bande transverse vers le milieu raccourcie au côté interne. Long. 2 $^1/_4$.

Variet. Les articles deux et trois des antennes flaves. Membrane blanche avec un arc brun subbasilaire. Fréjus.

Rare : Corse, Fréjus, Cette, Arcachon.

3 (2) Ecusson blanchâtre au sommet. Lobe antérieur du pronotum lisse, brillant, très-convexe avec un sillon longitudinal.

2. M. Marginalis. *Fieb.* Même forme que le précédent, excepté le pronotum ; antennes flaves, la base du premier article et le quatrième bruns. Elytres blanchâtres, le bord externe et une partie

du bord apical noirâtres, une tache blanche sur ce bord entre l'angle interne et l'angle externe. Membrane d'un jaune blanchâtre, une tache brune allongée à la base près de l'angle de la corie et une tache d'un brun jaunâtre à l'extrémité. Long. 2 ¹/₄.

Trouvée à Toulouse par J. Duval et communiquée à Fieber, par M. Signoret.

4 (₁) Pronotum avec une ligne longitudinale flavescente, visible surtout en arrière.

3. M. Bicolor. *Scott.* 1872. Noir, opaque, ovalaire, peu atténué en avant; tête noire, fortement ponctuée, rugueuse; antennes jaunâtres, le premier et le dernier articles bruns. Pronotum peu convexe, peu rétréci en avant, à ponctuation forte et dense, d'un noir brun, un peu ferrugineux sur le lobe postérieur, une ligne longitudinale blanchâtre médiane sur le lobe postérieur, les angles postérieurs testacés. Ecusson noir. Elytres blanchâtres, une tache brune triangulaire occupant l'angle et le bord postérieurs. Membrane grande, noirâtre, le bord postérieur arqué blanc ainsi que une bande transverse avant le milieu et ne s'étendant que du bord externe jusqu'à moitié de la largeur; pattes flaves, les fémurs noirs, l'extrémité des antennes flaves. Long. 2 ¹/₂.

Corse, très-rare.

MICROPLAX. Fieb.

1. M. interrupta. *Fieb.* Membrane blanchâtre, les nervures brunes. Elytres blanchâtres, nervures fortes, brunes, clavus à points concolores. Noir, opaque, allongé, à longs poils sur la tête et le pronotum; deuxième article des antennes, tibias, tarses et orifices jaunâtres. Tête et pronotum à ponctuation forte, serrée, rugueuse, le bord postérieur du pronotum souvent un peu ferrugineux. Long. 3.

France méridionale, rare : Hyères, Nice, Corse.

2. M. Albofasciata. *Costa (dimidiata Fieb.).* Membrane blanchâtre, les nervures brunes et dans les intervalles entre chaque nervure une série de taches brunes arrondies. Elytres blanchâtres, avec les nervures, la base et la moitié apicale brunes, le clavus brun à sa moitié basilaire et au sommet. Noir, opaque, allongé, mais

un peu élargi en arrière, tête et pronotum à long poils, à ponctuation forte, rugueuse, deuxième article des antennes, tibias, tarses et orifices jaunâtres. Long. 3.

Paris, Lyon, Charente-Inférieure, Montauban, Tarbes, Marseille, etc.

BRACHYPLAX. *Fieb.*

1. B. PALLIATA *Costa* (*albida Fieb. tenuis Mls. R.*). Allongé, linéaire, un peu élargi en arrière, poilu; tête, pronotum et écusson à ponctuation forte et serrée. Elytres très-allongées, corie et clavus d'un blanc flavescent, membrane transparente, blanchâtre. Antennes entièrement noires; orifices, hanches, genoux, tibias et tarses jaunâtres. Long. 3 $\frac{1}{4}$.

France méridionale : Avignon, Aix, Corse.

2. B. LINEARIS. *Scott.* 1872. N'ayant pas vu cet insecte, je suis obligé de donner la traduction de la description de l'auteur :

Etroit, tête et pronotum d'un jaune brun, à ponctuation forte et serrée. — Tête d'un brun jaune ou d'un brun rougeâtre, quelquefois brun en travers du lobe central; antennes noires, épaisses, le premier article d'un jaune rouge. Pronotum d'un jaune brun, plus ou moins d'un brun foncé sur les côtés, le tiers postérieur d'un blanc-gris. Ecusson noir, ridé transversalement. Elytres d'un blanc-gris : clavus ponctué à la base en une ligne aussi loin que le sommet de l'écusson, près de la suture un rang distinct de points; corie légèrement rétrécie à peu près au niveau du milieu du clavus et avec une rangée de points fins près le bord antérieur. Membrane très-longue et d'un foncé très-pâle. Pattes jaunes, cuisses antérieures très-épaisses, avec trois dents au sommet, noires et diminuant de taille graduellement, tibias d'un jaune pâle, troisième article des tarses légèrement noîrâtre au sommet. Long 1 $\frac{1}{3}$. lig. — Ressemble beaucoup à l'*Oxycarenus pallens*, mais il est beaucoup plus lineaire et n'a pas la même stature. — Corse.

OXYCARENUS. *Fieb.*

(STENOGASTER. *Hah.*)

1 (8) Premier article des antennes ne dépassant pas le sommet de la tête. Clavus avec deux séries de points régulières. (*S G. Oxycarenus Fieb.*)

2 (7) Membrane blanche, hyaline, sans taches.

3 (6) Pronotum noir.

4 (5) Antennes entièrement noires. Cories d'un rouge obscur.

> 1. O Lavateræ. *Fab.* Ovalaire, noir, opaque, fortement ponctué et finement poilu. Cories d'un rouge sombre, l'angle apical externe, le bord postérieur et l'extrémité des deux nervures internes noirs; clavus brun; base du ventre d'un beau rouge; pattes noires, cotyles, orifices et un anneau aux tibias flavescents. Long. 5-6, avec la membrane qui dépasse de beaucoup l'abdomen.
>
> France méridionale : Cette, Toulouse, Tarbes, Landes, Corse.

5 (4) Deuxième article des antennes roux. Cories blanchâtres, un peu transparentes.

> 2. Hyalinipennis. *Costa (leucopterus Fieb.)* De même forme et aspect que le précédent, mais un peu plus étroit, pubescence plus blanche et plus abondante sur la tête et le pronotum. Cories et clavus blanchâtres, presque transparents, le sommet seul de l'angle postérieur externe de la corie noire. Ventre noir; cotyles, orifices, hanches et un anneau aux tibias flavescents. Ordinairement le bord postérieur du pronotum un peu jaunâtre. Long. 4 $^1/_2$—5.
>
> Très-rare en France : Hyères, Corse.

6 (3) Pronotum flavescent avec une bande transverse noire ou jaunâtre.

> 3. O. Pallens. *H.-S. (collaris Mls. R.)* Oblong, glabre, d'un jaunâtre blanc; antennes, bec, tête, base de l'écusson et poitrine noirs, une bande transverse noire un peu après le bord antérieur du pronotum. Base de l'abdomen et un large anneau aux cuisses noirs. Long. 3-4 $^1/_2$.
>
> *Variet.* Très-souvent, le plus souvent même, les parties indiquées comme noires dans le type, sont d'un jaune roux plus ou moins foncé; les antennes sont alors jaunâtres avec le dernier article brun, ou brunes avec le deuxième article jaunâtre.
>
> France méridionale : Embrun, Beziers, Avignon, Nice, St.-Antonin, Tarbes, etc., assez commun.

7 (2) Membrane noire avec une grande tache blanche à la base près de l'angle de la corie.

    4. O. Modestus. *Fall.* Ovalaire, atténué en avant, déprimé, glabre, d'un ferrugineux obscur, écusson et dessous du corps noirs ; deuxième article des antennes et tibias plus pâles. Base de la corie et du clavus blanchâtre. Taches près des hanches, orifices et bords des segments pleuraux flaves. Long. 3 $^{1}/_{2}$—4.

    Assez rare : Paris, Rhône, Murat (sur l'aulne), Nice, Tarbes.

8 (1) Premier article des antennes, dépassant très-notablement le sommet de la tête. Clavus à ponctuation irrégulière. (*S.-G. Macroplax Fieb.*).

9 (10) Membrane petite, blanche avec les nervures brunes et des taches dans les intervalles. Corie blanche avec les nervures brunes, sans bande transverse.

    5. O. Preyssleri. *Fieb.* (*fuscovenosus Dahlb.*). Oblong, noir, fortement ponctué, à pubescence cendrée assez courte et épaisse. Deuxième article des antennes jaunâtre, moins la base et l'extrémité ; bord postérieur du pronotum entièrement roussâtre. Taches près des hanches, orifices, tibias et tarses d'un jaunâtre pâle. Long. 3-4.

    Paris, Provins, Yonne, Alsace, Rouen, Lyon, St.-Antonin, Hautes-Alpes et Hautes-Pyrénées.

10 (9) Membrane grande, noire, une grande tache blanche au milieu du bord externe. Cories blanches avec les nervures brunes et une large bande transverse, brune, au milieu de leur longueur, souvent plus ou moins oblitérée en dehors et en dedans.

    6. O. Helferi. *Fieb.* (*fasciatus H.-S.*). Oblong, noir, fortement ponctué, à pubescence cendrée, courte et peu épaisse. Deuxième article des antennes jaunâtre, excepté la base et l'extrémité. Bords antérieur et postérieur du pronotum largement d'un roux obscur. Taches près des hanches, orifices, tibias et tarses flaves. Long. 3 $^{1}/_{2}$—4 $^{1}/_{2}$.

    France méridionale : Fontainebleau, Avignon, Vernet, Tarbes, Landes, Toulouse, Beziers, Corse. Commun.

Trib. 9. PACHYMERINI.

TABLEAU DES DIVISI   S.

1 (2) Pronotum avec un étranglement apr   le milieu et un bourrelet antérieur en forme de cou, ses côtés arrondis, obtus, non carénés.

1. PLOCIOMERARIA.

2 (1) Pronotum simplement déprimé en travers; pas de bourrelet en forme de cou au bord antérieur; bords latéraux carénés ou munis d'une expansion lamellaire.

3 (6) Pronotum avec une expansion lamellaire égale et régulière sur toute l'étendue de ses bords latéraux, qui sont régulièrement arrondis et très-rarement un peu sinués.

4 (5) Antennes nues ou rarement brièvement pubescentes. Expansions latérales du pronotum et de la corie non ou rarement ponctuées; disque antérieur du pronotum le plus souvent lisse ou faiblement ponctué, rarement à ponctuation dense et forte.

3. BEOSARIA.

5 (4) Antennes à soies ou poils rigides à la base. Expansions latérales du pronotum et de la corie ponctuées. Corps ordinairement testacé en dessus. Suture entre les joues et le clypéus sillonnée.

4. GONIANOTARIA.

6 (3) Pronotum avec ses bords latéraux simplement carénés, sans expant sion lamellaire, ou muni d'une faible expansion au niveau seulemen de la sinuosité latérale.

7 (8) Tache opaque postérieure des bords du quatrième segment ventral très-éloignée de la tache antérieure et rapprochée du bord postérieur du segment (comme dans les trois groupes précédents). Pronotum dans le plus grand nombre des genres, à bords latéraux simplement carénés, non ou peu sinuées, moins rétréci en avant que dans le groupe suivant.

2. RHYPAROCHROMARIA.

8 (7) Tache opaque postérieure des bords du quatrième segment ventral très-éloignée du bord postérieur et rapprochée de la tache anté-

rieure (¹). Pronotum très-rétréci d'arrière en avant et ordinairement sinué latéralement.

5. DRYMARIA.

Div 1. PLOCIOMERARIA.

TABLEAU DES GENRES.

1. Pronotum très-allongé, beaucoup plus long que large en arrière. Bourrelet antérieur large

PAROMIUS.

2 Pronotum aussi long que large en arrière. Bourrelet du cou étroit.

PLOCIOMERUS.

PAROMIUS. *Fieb*.

1 P. LEPTOPOÏDES. *Baer*. Noir, antennes à longues soies dressées, testacées avec la base du premier article et l'extrémité du dernier bruns. Pattes testacées, un large anneau brun aux cuisses antérieures et un plus obsolète aux postérieures ; cuisses antérieures très-renflées, une forte dent vers le milieu et un groupe de quatre ou cinq vers l'extrémité ; tibias antérieurs avec un éperon vers le milieu chez le mâle. Cories testacées avec des lignes de points bruns et des taches brunes confluentes surtout vers l'extrémité. Angles huméraux du pronotnm étroitement jaunâtres. Membrane noirâtre, nervures plus pâles. Long. 7.

France méridionale, rare : Hyères, Avignon, Toulouse, Tarbes, Corse.

2. P. GRACILIS. *Ramb.* (*nabiformis Costa*). Testacé, sans longues soies, revêtu d'un duvet cendré très-court, surtout sur la tête et le devant du pronotum qui sont bruns ainsi que le dessous du corps. Ecusson brun-rougeâtre. Extrémité de la corie avec quelques points et une petite tache brune. Pronotum plus déprimé que dans l'espèce précédente. Membrane jaunâtre, les nervures plus pâles. Long. 7.

(¹) Le genre *Ischnocoris* d'après ce caractère doit faire partie des *Drymaria*, mais je préfère le ranger dans les *Rhyparochromaria*, parce qu'il en a le facies, la forme du pronotum et qu'on ne peut l'éloigner du genre *Macrodema*.

Provence, très-rare : Hyères, Fréjus, Collioure. Ressemble beaucoup au *Nabis ferus*.

PLOCIOMERUS *Sag. Fieb.*

1 (6) Fémurs antérieurs avec un groupe d'épines vers l'extrémité, inermes vers le milieu.

2 (5) Dessus du corps plus ou moins poilu. Lobe antérieur du pronotum plus long que le postérieur.

3 (4) Ecusson noir. Cories noirâtres avec le bord externe interrompu blanchâtre et des linéoles blanchâtres. Deuxième et troisième segments ventraux avec une bande dénudée, très-finiment striguleuse en travers, de chaque côté du disque. Membrane un peu raccourcie.

    1. P. Sylvestris. *Lin.* Noir à duvet cendré et avec des poils hérissés assez peu nombreux et peu longs. Antennes longues, les deux derniers articles noirs et plus épais, le deuxième et l'extrémité du premier flaves. Lobe postérieur du pronotum avec quatre traits d'un roux-brun très-peu apparents. Cuisses antérieures et tibias postérieurs bruns, ainsi que l'extrémité des cuisses intermédiaires et postérieures ; le reste des pattes un peu plus pâle. Cotyles et bord postérieur des métapleures jaunâtres. Tibias antérieurs droits et inermes chez le mâle. Long. 5 $^1/_2$.

    Espèce alpine : Hautes-Alpes, Col des Ayes, près Briançon, Mont—Cenis, Lagrave.

4 (3) Ecusson brun avec deux taches rousses. Cories flaves avec des lignes de points bruns et quelques petites taches brunes. Tibias antérieurs du mâle courbes et armés d'un fort éperon vers le tiers apical.

    2. P. Calcaratus. *Put.* Varié de brun et de flave, couvert de longues soies hérissées. Antennes grêles, d'égale épaisseur, le dernier article rembruni. Tête noirâtre. Pronotum roux avec des taches flaves sur le lobe postérieur. Cories flaves avec des points bruns plus ou moins en séries et quatre ou cinq petites taches brunes. Membrane enfumée avec les nervures blanches. Abdomen noirâtre. Pattes très-velues, un anneau brun vers le milieu des cuisses et un autre très-petit, à peine apparent près des genoux. Long. 5 $^1/_2$.

Un seul exemplaire trouvé à Apt (Vaucluse), par M. Abeille de Perrin. — Espèce commune en Algérie, surtout à Biskra, se trouve aussi en Egypte.

5 (2) Dessus du corps non poilu. Lobe antérieur du pronotum égal au postérieur.

3. P. FRACTICOLLIS. *Schill.* Tête, pronotum et dessous du corps noirs ; bord antérieur du pronotum jaunâtre, lobe postérieur varié de jaunâtre et de roux et ponctué de brun. Antennes roussâtres, le premier et le dernier articles ordinairement bruns. Cories jaunâtres à points et linéoles bruns. Pattes rousses avec un faible anneau brun aux fémurs postérieurs et quelquefois à tous. Tibias antérieurs droits même chez le mâle. Long. 5-5 $^1/_2$.

Peu commun : Nord, Yonne, Aube, Alsace.

6 (1) Fémurs antérieurs avec une forte épine vers le milieu et un groupe d'autres près de l'extrémité. Dessus du corps poilu.

4. P. LURIDUS. *Hahn.* Tête, pronotum, écusson et dessous du corps noirâtre, quelquefois le lobe postérieur du pronotum un peu roussâtre. Elytres d'un roux-jaunâtre, plus foncées que dans les deux espèces précédentes et à ponctuation brune bien moins apparente. Antennes brunes, le troisième et le quatrième article roux moins l'extrémité. Pattes rougeâtres, les tibias et l'extrémité des fémurs ordinairement bruns. Bords latéraux du ventre roux. Tibias antérieurs courbés à la base chez le mâle, presque droits chez la femelle. Long. 5-5 $^1/_2$.

Assez rare en France : Vosges, Nord, Finistère.

Div. 2. RHYPAROCHROMARIA.

TABLEAU DES GENRES :

1 (6) La carène latérale du pronotum n'est indiquée que par une faible strie, visible seulement en regardant 'insecte de côté. Cuisses antérieures très-renflées, dentées.

2 (3) Tête et pronotum plus longs que larges. Tubercules antennifères très-prolongés en avant, antennes insérées bien en avant des yeux.

PRODERUS.

3 (2) Tête et pronotum aussi longs ou moins longs que larges. Tubercules antennifères peu éloignés des yeux.

4 (5) Pronotum aussi long que large en arrière.

ICUS.

5 (4) Pronotum moins long que large en arrière ; fémurs antérieurs moins renflés·

TROPISTETHUS.

6 (1) Carène latérale du pronotum saillante et formant un rebord bien visible en dessus.

7 (8) Pronotum très-profondément échancré en avant, souvent plus large en avant qu'en arrière. Tête petite. Fémurs antérieurs renflés, dentés.

PLINTHISUS (S. STR.).

8 (7) Pronotum coupé droit, ou presque droit au bord antérieur.

9 (26) Pronotum peu rétréci d'arrière en avant, angles antérieurs subitement rétrécis, côtés presque parallèles. Tête moins large ou quelquefois aussi large que l'avant du pronotum ; yeux petits. Cuisses antérieures dentées ou mutiques.

10 (23) Cuisses antérieures inermes ou armées d'une seule épine.

11 (16) Cuisses antérieures avec une dent.

12 (15) Pronotum carré ou transverse. Yeux touchant les angles antérieurs du pronotum.

13 (14) Pronotum carré ; taille très-petite. Insectes ordinairement brachyptères ; troisième suture ventrale droite.

PLINTHISOMUS.

14 (13) Pronotum transverse. Taille plus grande. Insectes macroptères. Troisième suture ventrale courbe et sinuée.

LAMPRODEMA.

15 (12) Pronotum beaucoup plus long que large. Yeux ne touchant pas les ' angles antérieurs du pronotum. Corps allongé, parallèle.

PTEROTMETUS.

16 (11) Cuisses antérieures mutiques.

17 (18) Yeux proéminents, ne touchant pas les angles antérieurs du pronotum.

MACRODEMA.

18 (17) Yeux peu proéminents, touchant les angles antérieurs du pronotum.

19 (22) Corps velouté ou pubescent en dessus. Dépression transverse du pronotum bien apparente.

20 (21) Côté du quatrième segment ventral avec deux taches opaques, la postérieure très-rapprochée de l'antérieure et éloignée du bord postérieur. (Comme dans les *Drymaria*).

ISCHNOCORIS.

21 (20) Tache opaque postérieure très-éloignée de l'antérieure et rapprochée du bord postérieur. Corps plus large, plus poilu.

PIONOSOMUS.

22 (19) Corps lisse au-dessus; dépression transverse du pronotum à peine apparente.

AOPLOSCELIS.

23 (10) Cuisses antérieures armées en dessous sur toute leur moitié apicale de nombreuses dents au milieu des quelles on en remarque une plus grande.

24 (25) Tête courte, presque transverse; yeux touchant les angles antérieurs de pronotum.

RHYPAROCHROMUS.

25 (24) Tête plus longue que large; yeux un peu éloignés des angles antérieurs du pronotum. Corps plus étroit, plus déprimé que dans le genre précédent.

PIEZOSCELIS.

26 (9) Pronotum trapézoïdal, graduellement rétréci d'arrière en avant jusqu'aux angles antérieurs qui ne sont pas subitement arrondis. Tête plus large que l'avant du pronotum; yeux assez grands. Cuisses antérieures dentées ou mutiques.

27 (32) Cuisses antérieures mutiques. Côtés du pronotum peu fortement marginés.

28 (29) Lobe antérieur du pronotum en grande partie imponctué, ainsi que deux bandes longitudinales sur les cories, l'une externe, l'autre médiane. Premier article des antennes dépassant de beaucoup le sommet de la tête.

LASIOSOMUS.

29 (28) Pronotum et cories entièrement et fortement ponctués.

30 (31) Premier article des antennes ne dépassant pas ou à peine l'extrémité de la tête. Clavus à trois séries de points.

ACOMPUS.

31 (30) Premier article des antennes dépassant notablement l'extrémité de la tête. Clavus à quatre séries de points.

STYGNUS.

32 (27) Cuisses antérieures dentées. Côtés du pronotum plus distinctement marginés.

33 (34) Corps, antennes et pattes à longues soies rigides. Tête un peu allongée. Tubercules antennifères assez éloignés des yeux.

LASIOCORIS.

34 (33) Corps sans longues soies. Tête moins allongée, tubercules antennifères moins éloignés des yeux, ceux-ci plus grands. (Côtés du pronotum devenant déja un peu lamellaires comme dans les *Beosaria*, mais seulement au milieu au niveau du sinus latéral).

PERITRECHUS.

PRODERUS. *Am.*

1. P. SUBERYTHROPUS *Costa*. (*Flavipes*. *Luc.*). Très-allongé, d'un noir un peu brun, glabre, pattes, hanches et bec d'un beau jaune, clypeus rougeâtre, antennes fauves, le troisième article brun. Pronotum très-allongé, ponctué sur son dernier tiers, ainsi que l'écusson et les élytres, celles-ci ponctuées un peu en lignes. Membrane noirâtre. Long. 6 $^1/_2$—7.

France méridionale, rare : Avignon, Prades, Toulouse, Corse.

ICUS. *Fieb.*

1. I. ANGULARIS. *Fieb.* Allongé, noir, opaque, trois petites taches jaunâtres au bord postérieur du pronotum : une au milieu et une de chaque côté sur l'angle postérieur, ces trois taches réunies par une fine bordure au bord même. Base du pronotum et écusson assez fortement ponctués. Elytres d'un gris-jaunâtre à points bruns en séries, le bord apical brun ainsi qu'une tache à l'angle interne ; membrane noirâtre, les nervures et une tache blanchâtres à l'angle de la base. Base des cuisses, tibias et les deux premiers articles des antennes plus ou moins flavescents. Long. 4-4 $^1/_2$.

Avignon un exemplaire (M. Nicolas) ; se rencontrera probablement en Provence, parce qu'on le trouve à Gênes. Les exemplaires de Corse constituent une variété :

Var. Corsicus. Put. Pattes et antennes entièrement noires ; taches du pronotum non reliées par une bordure au bord postérieur, sur les élytres la couleur noire envahit la moitié apicale, la moitié basilaire au contraire est d'une teinte plus blanche et moins roussâtre, comme dans la modification analogue de l'*Ischnocoris hemipterus.*

Les exemplaires de Hongrie (*var. hungaricus Horw.*) ont, au contraire, les pattes entièrement rousses.

TROPISTETHUS. *Fieb.*

1. T. HOLOSERICEUS. *Scholz. (Sabuleti. Hah. nec Fall.).* Allongé, noir, opaque, très finement pubescent, velouté. Pointe de l'écusson, bec, cotyles et pattes jaunâtres, cuisses brunes. Elytres ochracées, ponctuées de brun, leur bord apical brun ainsi que une tache à l'angle interne. Membrane complète; d'un blanc jaunâtre. Long. 2 $\frac{1}{2}$.

Toute la France : Corse, souvent dans les fourmilières.

Les exemplaires de Corse ont souvent les cories bien plus pâles, blanchâtres avec une tache brune bien nette à l'angle interne.

PLINTHISUS. *Westw.*

1 (4) S.-G. PLINTHISOMUS. *Fieb.* Pronotum subcarré, à ponctuation égale, bord antérieur droit. Fémurs antérieurs unidentés. Tibias antérieurs droits, taille très-petite.

2 (3) Brunâtre. Elytres coupées obliquement en arrière, laissant à découvert le dernier segment et la moitié de l'avant dernier.

1. P. PUSILLUS. *Scholtz.* D'un noir de poix brillant, fortement ponctué, à pubescence très-fine, jaunâtre, la base des antennes, le bec et les pattes d'un testacé ferrugineux. Long. 1 $\frac{3}{4}$ — 2.

Très-rare : Dunkerque, Paris, Bitsche.

La forme *macroptère (latus Reut.)* est extrêmement rare et n'a pas encore été trouvée en France, elle est plus grande, 2 $\frac{1}{2}$ m.

3 (2) Jaune ferrugineux. Elytres coupées droit en arrière, laissant à découvert les trois derniers segments.

2. P. MINUTISSIMUS. *Fieb.* Brillant, glabre, écusson et abdomen

rembrunis, antennes brunâtres, plus claires à la base et au sommet. Long. 1 $^{1}/_{4}$—1$^{1}/_{3}$. Le plus petit des *Lygéides* de France.

Rare : dans les nids des Formica rufa et congerens. Provence, Lyon, Fontainebleau, Montpellier.

La forme *macroptère* dont je ne connais qu'un exemplaire de Bône est un peu plus ovalaire, la corie un peu obscure au bord apical et le long du clavus, la membrane flavescente légèrement obscure au milieu.

4 (1) S G. PLINTHISUS. *Westw*. Pronotum plus long que large, lisse ou à peu près en avant, fortement ponctué sur le dernier tiers, bord antérieur échancré. Fémurs antérieurs bidentés. Tibias antérieurs arqués. Taille plus grande.

5 (6) Elytres avec ou sans membrane ; dans ce dernier cas elle forme cependant une étroite bordure qui ne laisse que les deux derniers segments abdominaux à découvert. Fémurs antérieurs armés seulement de deux dents égales. Dessus du corps glabre (1).

3. P. BREVIPENNIS. *Latr*. Noir de poix, brillant, glabre; base des antennes et des fémurs, genoux, tibias et tarses plus pâles. Tête et lobe antérieur du pronotum finement rugueux, ponctués, clavus et corie irrégulièrement ponctués, disque de la corie à ponctuation plus fine et plus espacée. Long. 2 $^{3}/_{4}$—3 $^{1}/_{3}$.

Forme macroptère. (Bidentulus H.-S.). Pronotum trapézoïdal, élytres d'un ferrugineux obscur, plus clair sur le disque et le long du clavus, membrane flavescente.

Forme brachyptère. (Brevipennis Latr.). Pronotum un peu ou à peine rétréci en arrière, élytres obliquement tronquées en arrière, membrane rudimentaire, grisâtre.

Toute la France et la Corse. Assez commun.

6 (5) Elytres toujours sans membrane même rudimentaire, de sorte que

(1) Le *P. Flavipes. Fieb.* qui appartient à ce groupe et se trouve en Italie et en Sicile, se rencontrera peut-être en Provence. Il diffère du P. Brevipennis par sa surface légèrement pubescente, sa taille plus faible (2 1/2 — 2 3/4) ses élytres et ses pattes plus claires, les cories à ponctuation égale, le pronotum à peine plus long que large, aussi large en arrière qu'en avant.

les trois derniers segments abdominaux restent à découvert. Fémurs antérieurs avec plusieurs petites dents entre les deux grandes.

7 (8) Dessus glabre, brillant.

4. P. Putoni. *Horwath.* Oblong, noir, brillant, glabre, pronotum à peine ou sensiblement (*Var. Coarctatus. How.*) rétréci en arrière, son lobe antérieur lisse ainsi que la tête; élytres distinctement ponctuées, coupées droit en arrière, membrane nulle; antennes et élytres d'un noir de poix, bec, genoux, tibias et tarses d'un flave ferrugineux. Long. 2 $^3/_4$ — 3.

Beziers. Commun en Algérie dans toute la province de Constantine.

8 (7) Dessus pubescent.

9 (10) Elytres coupées droit en arrière, l'angle externe droit ou obtus.

5t P. Convexus. *Fieb.* Oblong, noir de poix, à pubescence dorée tres-courte, mais distincte; bec, genoux, tibias et tarses plus pâles. Pronotum convexe, graduellement rétréci en arrière, bords latéraux distinctement arrondis en avant; élytres fortement ponctuées, membrane nulle. Long. 3 $^1/_3$ — 3 $^2/_3$.

Corse. Doit se trouver probablement dans la Provence puisqu'on le trouve à Gênes.

10 (9) Elytres coupées obliquement en arrière de sorte qu'elles forment un angle à leur bord postérieur et que l'angle externe est aigu.

6. P. Longicollis. *Fieb.* Oblong, noir de poix, à pubescence dorée bien plus faible que chez le précédent, brillant, ponctulé, bec, bord externe de la corie, genoux, tibias et tarses plus pâles. Pronotum convexe, graduellement rétréci en arrière, bords latéraux distinctement arrondis en avant, angles antérieurs non proéminents. Elytres assez fortement ponctuées. Membrane nulle. Long. 3-3 $^1/_2$.

France méridionale : Hyères, Beziers, Prades.

LAMPRODEMA. *Fieb.*

1. L. Maurum. *Fieb.* Ovale, noir, brillant, glabre, tête, pronotum

et écusson très-légèrement bronzés ; angles postérieurs et bord postérieur du pronotum , bord scutellaire des cories , base des antennes , tibias et tarses d'un roux ferrugineux plus ou moins foncé ; membrane ordinairement entière, blanchâtre avec le milieu obscur. Long. 4-4 $^1/_2$.

Assez rare : Nord , Paris , Avignon , Toulouse.

PTERTOMETUS. *Am.-Serv*.

1. P. STAPHYLINOÏDES. *Burm*. Corps allongé , parallèle , noir brillant, glabre, cories d'un jaunâtre ochracé , velouté , ordinairement très-courtes et avec une membrane rudimentaire blanchâtre , très-rarement avec la membrane complète blanchâtre avec le milieu enfumé. Long. 5-5 $^1/_2$.

Toute la France , assez rare : Nord , Paris , Vosges , Lyon , Toulouse , Landes , Pyrénées.

Obs. Le *P. Dimidiatus. Fieb*. d'Espagne et d'Algérie est un peu plus étroit et la moitié postérieure de la corie est noire.

MACRODEMA. *Fieb*.

1. M. MICROPTERUM. *Curt*. Corps allongé , noir , brillant , glabre. Tête et pronotum d'un noir bleuâtre , ponctués , bord postérieur du pronotum mat, velouté, jaunâtre. Ecusson entièrement noir. Cories veloutées , jaunâtres, à lignes de points noirs , une tache brune au bord externe un peu avant l'extrémité , le plus souvent très-courtes et laissant à découvert cinq segments de l'abdomen. Deuxième article des antennes ferrugineux moins la base et l'extrémité, hanches et pattes ferrugineuses avec les cuisses largement brunes. Long. 3.

La forme macroptère (*Subaeneum H.-S.*) qui est extrêmement rare (je n'en ai vu que deux exemplaires des Vosges), a la corie et la membrane complètes , celle-ci blanchâtre avec le disque noirâtre , le bord externe de la corie est brun depuis le dernier tiers jusqu'au sommet.

Une grande partie de la France : Nord , Paris , Rouen , Vosges, Tarbes.

ISCHNOCORIS. *Fieb.*

1 (2) Tête, pronotum et écusson à ponctuation très-fine, à peine visible.
Bord antérieur du pronotum noir comme le disque et l'arête linéaire
du bord externe.

1. I. HEMIPTERUS. *Schill.* Allongé, noir, pronotum presque carré
(*forma brachyptera*) ou un peu rétréci en avant (*f. macropt.*),
son tiers postérieur jaunâtre ponctué de noir. Extrémité de l'écusson jaunâtre, cories jaunâtres à lignes de points bruns, ainsi que
l'angle apical externe, tantôt courtes sans membrane, tantôt
longues avec une membrane bleuâtre veinée de brun. Antennes
noires, le sommet du premier article des antennes et le deuxième
en entier jaunâtres ainsi que les pattes; fémurs bruns. Long.
$2\,^1/_2 - 2\,^3/_4$.

Var. Nigricans. Put. Couleur noire plus développée sur les
pattes, les antennes et les cories et les parties jaunâtres des cories
devenant plus blanchâtres. — Corse.

Assez rare : Nord, Vosges, St-Girons, Tarbes.

2 (1) Tête, pronotum et écusson à ponctuation forte, bien visible. Bord
antérieur du pronotum jaunâtre au milieu, ainsi que l'arête linéaire
du bord externe.

2. I. PUNCTULATUS. *Fieb.* Allongé, noir; pronotum un peu plus court
et plus large que chez le précédent; son tiers postérieur jaunâtre
ponctué de noir, sommet de l'écusson jaunâtre. Cories jaunâtres
ponctuées de brun, angle apical externe brun, membrane blanchâtre (toujours complète à ma connaissance). Antennes noires,
les deux premiers articles plus ou moins jaunâtres au sommet.
Pattes flaves en entier (*flavipes. Sign.*) ou avec les cuisses brunes
au milieu. Long. $2\,^1/_2 - 2\,^3/_4$,

Provence, Montpellier, Toulouse, Metz, Corse.

PIONOSOMUS. *Fieb*

1. P. VARIUS. *Wolff.* Ovale, noir, hérissé de long poils; deux
taches jaunâtres et ponctuées de brun au milieu du bord postérieur du pronotum. Elytres flavescentes à lignes de points bruns,

une tache brune au milieu du bord externe et prolongée en travers vers l'intérieur et une à l'angle apical externe ; membrane tantôt complète, tantôt un peu raccourcie, blanche avec le centre et des veines noirâtres. Antennes noires, les articles deux et trois en partie jaunâtres ainsi que les pattes, fémurs noirs. Long. 2 $^1/_2$ — 3.

Dunkerque, Paris, Landes.

AOPLOSCELIS. *Fieb.*

1. **A. Bivirgatus.** *Costa (bilineatus. Fieb.).* Allongé, d'un noir très-brillant, à reflet un peu verdâtre, glabre, fortement ponctué. Une bande longitudinale d'un blanc jaunâtre au bord externe du clavus, cette bande avec une ligne de gros points enfoncés et espacés, deux autres lignes à points plus fins et plus serrés sur la partie interne qui est noire. Cories à ponctuation éparse. Antennes et pattes noires. Long. 3.

Corse. Rochaute près Béziers (M. Mayet).

RHYPAROCHROMUS. *Curtis.*

(Megalonotus. *Fieb.*)

1 (4) Pattes entièrement jaunâtrès.

2 (3) Pubescence rare et courte.

1. **R. Antennatus.** *Schill.* Ovale, oblong, un peu brillant, noir, à pubescence fine et courte, fortement ponctué ; moitié supérieure du premier article des antennes et le deuxième en entier d'un flave testacé ainsi que les pattes. Elytres d'un testacé obscur, opaques, ordinairement brunâtres vers l'extrémité. Membrane rudimentaire, brunâtre. Long. 4 $^2/_3$.

Assez rare : Nord, Paris, Vosges, Grande-Chartreuse, Tarbes.

8 (2) Pubescence longue et forte.

2. **R. Hirsutus.** *Fieb.* Très-semblable au précédent, mais plus opaque, hérissé de longues soies surtout sur le pronotum et les pattes. Le premier et le deuxième article des antennes entièrement testacés. Long. 4 $^2/_3$.

Ordinairement brachyptère ; cependant je possède du Caucase des exemplaires à membrane complète brune avec l'angle de la base pâle ; ils sont aussi un peu plus grands.

Très-rare en France : Vosges.

4 (1) Pattes avec une ou plusieurs paires de cuisses brunes.

5 (8) Pronotum et élytres glabres, brillants sans longues soies, ni pubescence courte.

6 (7) Cories jaunâtres avec l'extrémité brune. Pattes d'un jaunâtre pâle avec les fémurs antérieurs noirs.

3. R. Prætextatus. *H.-S*. Noir, glabre, brillaut, sommet du premier et du deuxième article des antennes et élytres d'un flave testacé, une large bande apicale brune à la corie, membrane complète, membrane noirâtre avec la base blanchâtre. Long. $4^{1}/_{2}$ — 5.

Une grande partie de la France : Nord, Paris, Landes, Pyrénées, Corse.

7 (6) Cories entièrement noires. Pattes d'un roux foncé, tous les fémurs ou quelquefois seulement les antérieurs noirs.

4. R. Puncticollis. *Luc*. (*Niger Fieb*.). Noir, glabre, brillant, presque parallèle, très-fortement ponctué. Pattes d'un roux foncé, les fémurs bruns, les postérieurs quelquefois roux, les antérieurs très-fortement renflés, presque globuleux, finement dentés sur toute leur arête inférieure. Membrane complète ou presque complète, noirâtre, une tache blanche à la base et une au sommet. Long. $4^{3}/_{4}$.

Corse.

8 (5) Pronotum et élytres à longues soies ou couverts d'une pubescence courte, veloutée.

9 (10) Pronotum brillant, sans pubescence courte, mais à soies trèslongues et nombreuses.

5. R. Nitidicollis. *Put*. Noir, pronotum très-brillant, hérissé de longues soies noires ; écusson et élytres opaques, veloutés et

hispides. Une petite tache ferrugineuse obsolète sur les angles postérieurs du pronotum. Cories colorées comme dans le *R. Sabulicola*,
d'un ferrugineux jaunâtre avec une tache brune rhomboïdale irrégulière qui occupe le milieu jusqu'à l'angle postérieur interne.
Membrane complète brune avec une tache pâle à la base et une
autre au sommet. Antennes noires, hispides, le deuxième article
et le sommet du premier roux. Pattes hispides, rousses, les
fémurs antérieurs noirs, une tache brune ou anneau incomplet
près de l'extrémité des quatre postérieurs. Long. 4 $^3/_4$.

Corse, très-rare.

10 (9) Pronotum opaque, à pubescence courte, veloutée, avec ou sans
mélange de longues soies.

11 (12) Tibias et antennes noirs. Pronotum sans longues soies.

6. R. Dilatatus. *H.-S.* (*Obscurus. Muls. R.*). Noir, opaque, à pubescence extrèmement fine et courte. Pronotum plus déprimé que
chez les autres espèces, à ponctuation forte et serrée. Elytres
d'un noir brunâtre, à peine d'un ferrugineux obscur sur les nervures de la base et du clavus; membrane complète, noirâtre avec
une tache pâle à la base; genoux et tarses très-légèrement ferrugineux. Long. 5-5 $^1/_2$.

Une grande partie de la France, assez rare : Nord, Paris,
Chartres, Vosges, Le Lioran, Tarbes, Corse.

12 (11) Tibias et deuxième article des antennes roux. Pronotum avec de
longues soies.

13 (14) Tibias noirs au sommet.

7. R. Chiragra. *Fab.* Noir, opaque, à pubescence courte, grise et à
longs poils noirs. Elytres jaunâtres ponctuées de brun; membrane complète ou peu raccourcie, brune avec la base et quelques
veines jaunâtres. Fémurs postérieurs roux jusqu'au delà du milieu.
Long. 5.

Var. Nigricornis. Dgl. Sc. Deuxième article des antennes noir.
J'en possède un exemplaire de Bône.

Toute la France : commun.

14 (13) Tibias entièrement d'un roux testacé.

   8. R. Sabulicola. ***Thoms.*** Cette espèce, qui n'est peut-être qu'une race du précédent, n'en diffère que par la taille plus faible, les tibias entièrement roux, les fémurs postérieurs noirs sur une plus grande étendue, le pronotum moins fortement ponctué en arrière, la membrane plus largement jaunâtre. Long. 4 ¹/₂·

   Nord, Vosges, Tarbes, Dax, Corse, etc.

PIEZOSCELIS. *Fieb.*

   1. P. Staphylinus. ***Ramb.*** (***Antennata. Sign.***). Allongé, étroit, parallèle, noir, brillant, glabre sur la tête, le pronotum et le dos de l'abdomen, à pubescence très-fine et très-courte sur le reste du corps. Pronotum plus long que large, lobe antérieur convexe à ponctuation éparse, mais avec deux lignes de points longitudinales sur le milieu du disque, lobe postérieur très-court, à ponctuation très-forte. Cories d'un brun foncé, très-courtes, laissant à découvert cinq segments de l'abdomen, très-rarement entières avec la membrane noire excepté la base qui est blanche; clavus jaunâtre à ponctuation très-forte et en lignes régulières ainsi que les cories. Deuxième article des antennes roux excepté le sommet. Bec, pattes et hanches roussâtres, les fémurs antérieurs très-renflés, globuleux, noirs, les antérieurs bruns Long. 4 ¹/₂.

   Provence, Avignon, Toulouse, St.-Antonin. Un exemplaire macroptère de Corse.

   Le *Megalonotus angustatus* Fieb. ne paraît pas différer de cette espèce, autant qu'on peut en juger par le type entièrement mutilé que je possède.

LASIOSOMUS. *Fieb.*

   1. L. Enervis. ***H.-S.*** Ovale, oblong, brillant, hérissé de poils assez longs. Pattes, hanches, bec et les trois premiers articles des antennes flaves. Tête noire, rougeâtre en avant. Pronotum trapezoïdal, noir, le bourrelet du bord antérieur, les angles humeraux et une grande partie du bord postérieur d'un jaunâtre flavescent, lobe antérieur presque lisse. Elytres d'un flave obscur, clavus avec quatre stries de forts points, cories avec deux lignes de gros

points à la base et quelques uns irréguliers à l'extrémité , le reste
lisse. Membrame complète , flavescente. Dessous du corps noirâtre , excepté le bord postérieur des segments pleuraux.
Long. 4.

Rare : Nord , Rouen , Vosges , Alsace , Metz ,

ACOMPUS. *Fieb*.

1. A. Rufipes. *Wolff*. Ovale , oblong , noir , peu brillant , à peine
pubescent, fortement ponctué. Articles deux et trois des antennes
et pattes d'un flave testacé , ordinairement les fémurs antérienrs
et quelquefois les postérieurs bruns. Elytres jaunâtres , ponctuées
de brun , une grande tache brune à l'angle postérieur de la corie
et quelquefois une autre à l'angle externe. Membrane tantôt très-
raccourcie , tantôt complète , blanchâtre , irrégulièrement maculée
de noirâtre. Long. 4.

Toute la France : assez commun.

STYGNUS. *Fieb*.

1 (2) Insecte noir ou brun-noir très-foncé, base du pronotum concolore.
Membrane ordinairement incomplète.

1. S. Rusticus. *Fall*. Noir , opaque , à ponctuation forte et serrée ,
couvert d'une pubescence cendrée très-courte. Antennes et pattes
d'un roux foncé, le dernier article et les fémurs noirâtres. Elytres
raccourcies , membrane rudimentaire blanchâtre. On trouve très-
rarement en Angleterre et en Finlande des exemplaires à corie et
membrane complètes (S. incanus Fieb.) ; ces exemplaires ont le
bord de la corie un peu roussâtre. Long. $3\,{}^{1}/_{2}$—4.

Assez rare : Nord , Paris , Vosges , Tarbes , Nice , Corse.

2 (1) Insectes moins sombres ; base du pronotum ferrugineuse moins
foncée que le lobe antérieur. Membrane toujours complète.

3 (4) Antennes et pattes brunes. Pubescence très-courte et serrée.

2. S. Arenarius. *Hah*. Noir brunâtre , opaque , très-ponctué , à
pubescence grisâtre , très-courte , assez serrée ; deuxième et troisième articles des antennes , tibias et tarses roussâtres ; quatrième

article des antennes à peine plus long que le troisième ; base du pronotum et élytres d'un roussâtre foncé. Long. 2 ¹/₂—3.

Commun dans toute la France et la Corse.

Obs. On trouve en Scandinavie le **S. Pygmæus Sahl**, qui se rencontrera peut-être en France. Il diffère du précédent par sa taille plus faible de moitié, le quatrième article des antennes plus long d'un tiers que le troisième, ses antennes et pattes moins foncées, son corps moins opaque, la pubescence plus longue, mais moins que dans le sabulosus.

4 (3) Antennes et pattes d'un flave pâle. Pubescence longue.

3. S. Pedestris. *Fall. Zett. (Sabulosus Schill.).* Noirâtre un peu brillant, à poils pâles assez longs ; antennes et pattes d'un flave pâle ; quatrième article des antennes noir, à peine plus long que le troisième. Base du pronotum et élytres d'un testacé obscur. Long. 3.

Commun dans toute la France et la Corse.

LASIOCORIS. *Fieb.*

1. L. Anomalus. *Kol.* (*Villosus Mls. R.*). Ovale, allongé, noir, hérissé de longues soies noires. Tête d'un noir légèrement bronzé avec une pubescence courte cendrée ; antennes épaisses densément et longuement poilues, le deuxième article, excepté le sommet et base du troisième roux. Bourrelet des bords antérieurs et latéraux du pronotum roux, ainsi que le lobe postérieur ; ce dernier ponctué de noir, les angles postérieurs avec un calus lisse d'un noir bronzé brillant. Elytres rousses (quelquefois un peu blanchâtres), ponctuées de noir et avec une grande tache noire irrégulièrement arrondie sur le disque au niveau de l'angle interne. membrane d'un beau noir avec le bord arqué blanc. Sommet de l'écusson, tibias et tarses antérieurs et une tache au bord externe des cotyles roux. Long. 7-7 ¹/₂.

France méridionale, assez rare : Provence, Marseille, Avignon, Lyon, Dijon, Tarbes, Corse.

PERITRECHUS. *Fieb.*

1 (9) Fémurs antérieurs bidentés ; antennes poilues.

2 (8) Antennes entièrement noires.

3 (7) Fémurs presque entièrement noirs. Antennes grêles ou épaisses ,
mais non sensiblement renflées en massue.

4 (5.6) Antennes épaisses, Yeux très-saillants. Pronotum étroit en arrière.
Tibias postérieurs noirs. Tête fortement ponctuée.

1. P. GENICULATUS. *Hah.* (*Puncticeps Thoms.*). Oblong , noir à
pubescence grise très-courte. Antennes fortes, robustes, les articles plus épais vers le sommet qu'à la base. Pronotum peu élargi
en arrière, son lobe postérieur et les élytres d'un flave grisâtre
pâle, ponctués de noir, l'angle postérieur externe des cories noir ;
membrane blanchâtre variée de brun. Ecusson noir, son sommet
avec une tache flave en forme de V. Bec, hanches, sommet extrême
des fémurs, tibias antérieurs en entier, le sommet des postérieurs
et le premier article des tarses d'un flave testacé. Long. 5-5 $\frac{1}{2}$.
Nord , Vosges , Paris , Murat , etc.

5 (4.6) Antennes grêles , yeux très-saillants. Pronotum assez étroit en
arrière. Tous les tibias et tarses testacés. Tête fortement ponctuée.

2 P. GRACILICORNIS. *Put.* Petites nouv. ent. 1877. 117. Cette espèce
ressemble extrêmement à la precédente et en diffère par tous ses
tibias et ses tarses testacés , ses antennes beaucoup plus grêles ,
à articles cylindriques , pas plus épais au sommet qu'à la base,
Le pronotum est un peu moins allongé et un peu moins étroit en
arrière que dans le *Geniculatus,* mais bien plus que dans le
Nubilus. Long: 5-5 $\frac{1}{2}$.
Rouen , Yonne , Tarbes , Ile d'Oléron , Corse.

6 (4 5) Antennes grêles , yeux peu saillants. Pronotum fortement élargi
en arrière. Tête finement ponctuée. Tibias postérieurs en tout ou en
grande partie noirs.

3. P. NUBILUS. *Fall.* La disposition des couleurs est la même que
celle décrite plus haut pour le *geniculatus* ; *le nubilus* en diffère
par ses antennes grêles (comme dans le *gracilicornis*), ses yeux
plus petits , bien moins saillants, sa tête à ponctuation fine et
serrée , le pronotum beaucoup plus élargi postérieurement et
moins allongé. La couleur des pattes est la même. La membrane
est souvent marquée de taches noirâtres plus foncées et moins
vagues. Long. 5-5 $\frac{1}{4}$.

Presque toute la France, surtout septentrionale et moyenne : Nord, Paris, Vosges, Ile d'Oléron, Corse.

7 (3) Fémurs très-largement testacés sur leur moitié basilaire. Antennes graduellement renflées en massue.

4. P. Angusticollis. *Sahlb*. Cuisses d'un jaune rougeâtre, sommet des cuisses intermédiaires et postérieures largement noir. Tibias postérieurs noirâtres, leur sommet jaunâtre. Sommet de l'écusson d'un blanc jaunâtre, ponctué de noir. Antennes noires très-épaisses. Membrane noirâtre, les nervures largement bordées de blanc et une grande tache blanche à la base entre les deuxième et troisième nervures. Bec jaune à poils jaunes. Cuisses antérieures largement noires à l'extrémité ($\mathmale$) ou presque entièrement noires ($\female$). Long. 4. (D'apres Fieber).

Cette espèce, que je ne possède pas, est extrêmement rare ; il ne m'en a été signalé que trois exemplaires, l'un du Nord, un autre de Strasbourg, le troisième de La Teste.

8 (2) Antennes rousses au moins sur les deuxième et troisième articles.

5. P. Meridionalis. *Put*. Petites nouv. ent. 1877. 117. Extrêmement voisin du *P. Nubilus* ; il a comme lui le pronotum large en arrière, les yeux petits et peu saillants, les antennes grèles. Il en diffère par sa taille un peu plus courte, sa forme plus étroite et plus convexe, les articles deux et trois des antennes et quelquefois aussi le premier roux ; la tête a la ponctuation beaucoup plus fine et plus espacée, presque nulle ; tous les tibias et tarses, les hanches et les fémurs fauves, ceux-ci le plus souvent avec un anneau brun au milieu, assez souvent cependant entièrement roux, les élytres sont plus pâles à ponctuation brune bien moins visible. Long. 4 $^3/_4$—5.

France méridionale : Beziers, Cette, Collioure, Corse.

6 (1) Fémurs antérieurs très obsolètement unidentés. Antennes non poilues, leur deuxième article largement roux à la base.

6. P. Luniger, *Schill*. Oblong, noir, à pubescence grise très-courte. Antennes grèles, bec noir. Lobe postérieur du pronotum d'un

flave grisâtre ponctué de noir. Sommet de l'écusson flave. Elytres d'un flave grisâtre à lignes de points noirs, deux petites taches noires, le long du bord postérieur ainsi que l'angle externe. Membrane d'un beau noir, une tache blanche arrondie à l'extrémité, une autre arquée à la base, nervures fines, blanches. Pattes noires, les genoux et tibias antérieurs roux. Long. 4 $^1/_2$.

Toute la France et la Corse ; assez commun.

Div. 3. BEOSARIA.

TABLEAU DES GENRES.

1 (4) Tête courte, plus ou moins transverse. Antennes un peu poilues, insérées peu en avant des yeux, premier article dépassant peu ou pas le sommet de la tête. Pronotum transverse, ses côtés munis d'une marge lamellaire étroite, le plus souvent linéaire. Premier article des tarses postérieurs non distinctement du double plus long que les deux suivants réunis.

2 (3) Fémurs antérieurs grèles, à peine plus épais que les postérieurs, une très-petite dent peu apparente. Yeux débordant fortement les angles antérieurs du pronotum.

HYALOCHILUS.

3 (2) Fémurs antérieurs très-renflés, avec une forte dent (excepté *Anorus*) et plusieurs autres petites. Yeux ne débordant pas ou à peine les angles antérieurs du pronotum.

TRAPEZONOTUS.

4 (1) Tête aussi large que longue. Antennes nues ou presque nues, insérées assez loin en avant des yeux ; premier article dépassant notablement le sommet de la tête. Pronotum plus long que dans le groupe précédent, sa marge lamellaire plus large. Premier article des tarses postérieurs distinctement du double plus long que les deux précédents réunis.

5 (8) Tête plus étroite ou pas plus large que le devant du pronotum. Yeux petits et peu saillants. Bord antérieur du pronotum échancré, les latéraux arqués. Premier article des antennes ne dépassant le sommet de la tête que de un quart ou à peine de un tiers de sa longueur.

6 (7) Deuxième et troisième articles du bec presque égaux. Corps entièrement noir, plus large. Tibias plus densement garni de fortes soies ou épines. Trochanters antérieurs avec deux épines coniques terminées par des soies.

MICROTOMA.

7 (6) Deuxième article du bec plus long que le troisième. Corps plus étroit. Tibias à soies plus fines, moins nombreuses et moins rigides.

PACHYMERUS.

8 (5) Tête plus large que le devant du pronotum; yeux grands et saillants; bord antérieur du pronotum coupé droit, les latéraux non arqués; premier article des antennes dépassant le sommet de la tête de la moitié au moins de sa longueur; pattes plus longues.

BEOSUS.

HYALOCHILUS. *Fieb.*

1. H. OVATULUS. *Costa. (Cordiger Fieb.).* Pâle, flavescent grisâtre, ponctué de brun en dessus. Tête, partie antérieure du pronotum moins l'extrême bord, et écusson noirs, ce dernier largement jaunâtre à l'extrémité. Membrane transparente. Poitrine et base de l'abdomen plus ou moins noirs. Ressemble un peu en petit au *Platyplax salviæ*. Long. $3\,^1/_2$.

Nice, Corse.

TRAPEZONOTUS. *Fieb.*

1 (2) Cotés du pronotum ciliés. Ecusson avec deux taches jaunes.

1. T. NEBULOSUS. *Fall.* Noir, poilu sur la tête et le pronotum; un étroit bord latéral jaunâtre au pronotum, son lobe postérieur flavescent, densement ponctué de noir. Elytres flavescentes, densement ponctuées et maculées de noir Membrane complète, brune, veinée et maculée de blanchâtre. Antennes et pattes noires, quelquefois les articles deux et trois des antennes roussâtres. Long. $4\,^1/_2$—5.

Extrêmement rare en France : Gray (M. André).

2 (1) Côtés du pronotum non ciliés. Ecusson entièrement noir.

3 (6) Articles deux et trois des antennes noirs. Premier article des tarses postérieurs aussi long que les deux derniers réunis.

4 (5) Taille 4 ¹/₂. — ♂ Portion apicale des fémurs postérieurs, tibias postérieurs et tarses noirs, tibias intermédiaires quelquefois noirs vers le sommet ; premier article des antennes jaune. — ♀ Cuisses, tibias et tarses noirs.

2. T. Agrestis. *Fall.* Noir, un bord latéral jaunâtre étroit au pronotum, lobe postérieur flavescent, densement ponctué de noir. Elytres flavescentes, ponctuées et maculées de noir, surtout vers l'angle interne de la corie où les macules sont confluentes et forment une tache rhomboïdale. Membrane brune, veinée de blanchâtre, tantôt entière, tantôt écourtée (surtout chez les exemplaires alpestres). Premier article des antennes jaune chez le mâle. Long. 4-5.

Toute la France : commun.

Dans les exemplaires alpestres, des Alpes et des Pyrénées, dans une variété de la Corse, la membrane est toujours plus courte que l'abdomen, les cories sont plus obscures surtout en arrière et les parties flaves sont plus pâles et plus tranchées.

5 (4) Taille 5-5 ¹/₂. — ♂ Rostres et pattes flaves, un anneau subapical aux fémurs pestérieurs et extrémité des tarses noirs, quelquefois aussi une tache noirâtre après le milieu des fémurs antérieurs. — ♀ bec et pattes noires, tibias et tarses flaves, tibias postérieurs le plus souvent rembrunis vers la base.

3. T. Dispar. *Stål.* Cette espèce, très-voisine de la précédente, en diffère, outre les caractères sus-indiqués par la tache rhomboïdale de la corie plus grande et mieux limitée, la teinte générale plus claire. La membrane est toujours entière (à ma connaissance). — ♂ Premier article des antennes jaune. Long. 5-5 ¹/₂.

Presque toute la France : Nord, Paris, Orléans, Vosges, Charente.

6 (3) Article deux et trois des antennes jaunâtres. Premier article des tarses postérieurs beaucoup plus long que les deux derniers réunis.

4. T. Ullrichii. *Fieb.* Même disposition de couleurs que les deux précédents, mais plus grand, cories plus pâles, tache rhomboï-

dale plus faible, membrane blanche sans taches. — ♂ Premier article des antennes et pattes fauves, un anneau brun subapical aux fémurs postérieurs. — ♀ Premier article des antennes noir, tous les fémurs plus ou moins largement noirs. Long. 5 ½ — 6.

Toute la France : Lille, Rouen, Versailles, Yonne, Metz, Gray, Tarbes, Dax, Fréjus, Corse.

Obs. Le *T. Anorus. Flor*, d'Allemagne, non encore indiqué de France, a les pattes et les antennes noires, la membrane fortement écourtée; il se distingue de toutes les espèces par ses fémurs antérieurs mutiques.

MICROTOMA. *Lap.*

1. M. Carbonaria. *Rossi (Echii Panz.).* D'un beau noir velouté, opaque, membrane entière, de même couleur. Pronotum déprimé, ses côtés explanés, légèrement relevés. Long. 8.

Presque toute la France, le Nord excepté; souvent sur les Echium.

Obs. Le *M. Leucoderma. Fieb.*, d'Italie et d'Espagne, se rencontrera peut-être dans l'extrême midi de la France, il diffère de l'espèce précédente par sa forme plus étroite, la dépression transverse du pronotum plus forte, la membrane blanche.

PACHYMERUS. *Lep. Serv.*

(RHYPAROCHROMUS. *Fieb.*).

1 (2) Insectes noirs avec une tache rhomboïdale rousse sur la membrane.

1 P. Rolandri. *Lin.* Noir, opaque; clavus à ponctuation confuse. Une épine aux fémurs antérieurs. Long. 7.

Toute la France et la Corse; assez commun.

2 (1) Insectes noirs et flaves.

3 (6) Ecusson avec deux bandes flaves.

4 (5) Une tache rhomboïdale noire sur l'angle interne de la corie.

2. P. Lynceus. *Fab.* Noir; expansion lamellaire du pronotum largement flave, non ponctuée de noir; bord antérieur très-étroite-

ment flave ; lobe postérieur et cories flaves ponctués de noir ; une petite tache blanche au bord postérieur de la corie contiguë au bord externe de la tache rhomboïdale noire ; cotyles blanchâtres ainsi que une petite tache au bord externe des pro et metastethium. Membrane enfumée avec la base des nervures et quelques petites taches vagues plus pâles. Long. 7-8.

Une grande partie de la France, souvent sur les Echium : Nord, Paris, Vosges, Isère, Pyrénées, Corse.

5 (4) Pas de tache rhomboïdale noire sur l'angle interne de la corie.

3. P. ADSPERSUS. *Mls. R.* Plus petit et surtout plus étroit que le précédent, en diffère, en outre du caractère sus-indiqué, par les tibias roux ainsi que la base du deuxième article des antennes. Long. 6 $^1/_2$.

Cette espèce, qui est très-rare, a cependant un habitat très-étendu : Nord, Lille, Elbeuf, Ain, Saône-et-Loire, Pyrénées.

6 (3) Ecusson entièrement noir.

7 (20) Fémurs postérieurs inermes, les antérieurs avec une grande dent et plusieurs très-petites.

8 (13) Lobe antérieur du pronotum entièrement noir sur les côtés comme sur le disque, ou bien (*pini*) la ligne marginale seule très-étroitement flave.

9 (10) Ligne maginale de l'expansion latérale du pronotum très-étroitement flave. Bord externe de la corie (côte) concolore, flave.

4. P. PINI. *Lin.* Noir, opaque, un peu bronzé en dessous. Lobe postérieur du pronotum flavescent à ponctuation noire confluente. Elytres flavescentes, ponctuées de noir avec le bord interne du clavus noir ainsi que une tache rhomboïdale à l'angle interne de la corie. Membrane noire avec de petites taches blanchâtres à l'extrémité. Base des tibias antérieurs, une tache au bord externe des cotyles et bord postérieur des pro — et metastethium roux. Long. 7 $^1/_2$.

Très-commun dans toute la France : sols arides et chauds.

10 (9) Expansion marginale du lobe antérieur du pronotum noire, sans ligne externe pâle.

11 (12) Membrane noire très-finement bordée de blanc. Portion postérieure flave du pronotum coupée droit en avant.

    5 P. PHÆNICEUS. *Rossi*. Très voisin du précédent, en diffère, outre les caractères sus-indiqués, par le bord externe même de la corie (côte) qui est noir, les tibias antérieurs entièrement noirs, la membrane sans taches. Varie du flave grisâtre au rougeâtre. Long. 7 ¹/₂.

    Paraît affectionner les pays de montagnes : Vosges, Alpes, Pyrénées; plus rare dans les plaines : Lille, Beaune.

12 (11) Membrane avec une tache apicale blanche. Portion postérieure flave du pronotum coupée en arc et plus avancée sur les côtés qu'au milieu.

    6 P. VULGARIS. *Schill*. Noir, lobe postérieur du pronotum, cories, cotyles et bord postérieur des pro — et metastethium d'un jaune blanchâtre, lobe postérieur et cories ponctués de noir, une ligne noire sur le bord scutellaire du clavus, une grande tache noire à l'angle interne de la corie et en dehors de celle-ci une tache subapicale blanchâtre; base du deuxième article des antennes, genoux, hanches et tibias et tarses antérieurs et intermédiaires roux, les tibias et tarses noirs au sommet. Long. 7-8.

    Toute la France, sans être commun. Corse.

13 (8) Lobe antérieur du pronotum latéralement flave sur toute la largeur de l'expansion membraneuse.

14 (15) Une tache triangulaire d'un blanc pur à l'angle postérieur externe de la corie. Membrane noire avec une petite tache apicale blanche.

    7 P. TRISTIS. *Fieb*. Noir, pronotum avec les côtés et le lobe postérieur flavescents, ponctués de noir, le bord antérieur très-étroitement flavescent, les angles postérieurs avec une tache noire. Cories flavescentes avec des lignes longitudinales et une grande tache à l'angle interne noires ainsi que le bord interne du clavus. Tarses antérieurs, genoux et extrême sommet des deux premiers articles des antennes roux. Cotyles et bords postérieurs des trois segments pleuraux blanchâtres. Long. 6.

Aude, Corse.

15 (14) Pas de tache blanche à l'angle postérieur externe de la corie. Membrane grisâtre ou blanchâtre ou avec une très-grande tache noire qu occupe tout son disque.

16 (19) Lobe postérieur du pronotum entièrement flave.

17 (18) Membrane avec une grande tache noire qui occupe tout son disque. Une grande tache brune rhomboïdale à l'angle interne de la corie.

8 P. Saturnius. *Rossi.* Noir, glabre, large expansion latérale et lobe postérieur du pronotum d'un flavescent pâle. Cories flaves, pâles, ponctuées de brun. Antennes entièrement jaunâtres, ou avec la base du premier article noire; tibias, tarses, bord postérieur des segments pleuraux et taches près des cotyles jaunâtres. Long. 7.

Provinces méridionales de la France et Corse.

18 (17) Membrane sans tache discoïdale. Tache de l'angle interne de la corie petite, allongée.

9 P. Quadratus. *Fab.* Ne diffère du précédent, outre les caractères sus-indiqués, que par sa taille plus faible, ses antennes presque toujours noires, sa membrane blanchâtre à nervures brunes. Long. 5 $\frac{1}{2}$.

Presque toute la France, assez commun : Nord, Paris, Vosges, Drome, Pyrénées.

19 (16) Lobe postérieur du pronotum blanchâtre en avant et noir en arrière.

10. P. Douglasi. *Fieb.* d'un beau noir pur velouté, expansion latérale du pronotum d'un blanc à peine jaunâtre, quelquefois rosé, ainsi que une bande transverse (droite en avant, anguleuse en arrière) en avant du bord postérieur, celui-ci noir sur une aussi grande largeur que la bande blanche, bord antérieur du pronotum avec

trois petits points blancs. Elytres avec les trois quarts basilaires du bord externe , le clavus moins le bord scutellaire et quelques lignes dans l'intervalle d'un blanc presque pur ou rosé. Membrane noire avec une large bordure blanche tout autour. Genoux très-étroitement jaunâtres. Long. 4 $^1/_2$.

Corse.

20 (7) Fémurs postérieurs avec une dent près du sommet, les antérieurs avec plusieurs dents. (Lobe antérieur du pronotum noir sans marge pâle).

21 (22) Deuxième et troisième articles des antennes roux, base du quatrième blanche.

11 P. Pineti. *H.-S.* Noir , une large hande jaunâtre ponctuée de brun, occupe tout le lobe postérieur du pronotum, moins les angles postérieurs, et remonte anguleusement le long des côtés jusqu'à la moitié de leur longueur. Elytres jaunâtres excepté le bord scutellaire du clavus et une grande tache noire à l'angle postérieur interne. Membrane noire avec une tache blanche, ronde à l'extrémité ; tibias et tarses roux. Bord postérieur des segments pleuraux et taches au côté externe des cotyles blancs. Long. 7 $^1/_2$.

22 (21) Deuxième article des antennes roux (ou noir dans la variété), les troisième et quatrième noirs. Antennes plus épaisses.

12. P. Pedestris. *Pz.* (*Caffer Thunb ? ?*). Noir, une large band roussâtre ponctuée de brun, occupe tout le lobe postérieur du pronotum moins les angles postérieurs et remonte anguleusement le long des côtés jusqu'à la moitié de leur longueur. Elytres d'un roux jaunâtre avec quelques linéoles vagues , blanchâtres à la base et dans le clavus et une tache blanche à l'angle postérieur externe, cette dernière limitée en avant par une tache brune. Pattes rousses ; les fémurs antérieurs et postérieurs avec un anneau brun près du sommet. Bord postérieur des segments pleuraux blanchâtres ainsi que le côté externe des cotyles. Membrane noire, le sommet blanc. Long. 6.

Toute la France.

*Variet. **Funerea Put.*** On trouve en Provence, en Corse et sur tout le littoral de la Méditerranée une variété très-remarquable dans laquelle toutes les parties rousses sont devenues noires, il en résulte que l'insecte est noir avec un dessin blanc; la bande blanche du pronotum est devenue plus étroite et laisse une bordure noire le long du bord postérieur; les pattes et antennes sont entièrement noires, les élytres sont noires avec grande tache apicale blanche, une ligne dans le clavus et quelques autres moins nettes à la base de la corie de même couleur. On trouve tous les passages entre ces deux formes si tranchées.

BEOSUS *Am. Serv.*

(ISCHNOTARSUS *Fieb.*).

1 (2) Lobe postérieur du pronotum et élytres d'un blanc jaunâtre ponctués de brun.

1. B. Luscus *Fab.* (*Quadratus Pz. Am.*). Allongé, noir, les trois premiers articles des antennes flaves (le premier plus ou moins noir chez la ♀). Bords antérieur et latéraux du pronotum, deux traits sur l'écusson et son sommet et pattes flaves; les fémurs plus ou moins largement noirs près du sommet. Angles postérieurs du pronotum noirs. Elytres avec le bord apical noir ainsi qu'une assez grande tache à l'angle interne. Membrane brune, les nervures et une tache apicale blanches. Long. 7.

   Var. *Sphragidimium. Am.* Chez les exemplaires méridionaux la coloration noire prend plus de développement sur les élytres, la membrane et les fémurs.

   Toute la France et la Corse.

2 (1) Lobe postérieur du pronotum et élytres d'un fauve rouge, bord externe de ces dernières et une grande tache subapicale blancs

2. B. Erythropterus. *Brullé* (*Pulcher H.-S.*). Allongé, noir, les trois premiers articles des antennes rougeâtres, le premier article souvent en partie noir. Bords latéraux du pronotum blanchâtres. Deux traits sur l'écusson et son sommet roux ainsi que les pattes, les fémurs avec un anneau brun près du sommet, moins fort et souvent nul aux intermédiaires. Angles postérieurs du pronotum

noirs. Elytres à ponctuation presque concolore, le bord apical et une grande tache transverse noirs, cette dernière située avant la tache blanche. Membrane noirâtre, une tache apicale blanche. Pronotum plus convexe en avant que chez le précédent. Long. 7.

France méridionale : Provence, Marseille, Toulouse, Corse.

Div. 4. GONIANOTARIA.

1 (4) Tête courte, transverse. Pronotum transverse; écusson aussi long que lui.

2 (3) Pronotum échancré en avant. Espace entre les antennes et les yeux court, tubercules antennifères obtus, non saillants·

Emblethis.

3 (2) Pronotum coupé droit en avant. Espace entre les antennes et les yeux long. Tubercules antennifères tronqués au sommet, leur angle externe proéminent.

Gonianotus·

4 (1) Tête plus longue que large. Pronotum plus long que large ou à peine aussi large que long. Ecusson plus court que le pronotum. Antennes assez éloignées des yeux. Ceux-ci ne touchant pas les angles antérieurs du pronotum.

5 (6) Premier article des antennes dépassant la tête de moitié. Joues saillantes et détachées du clypeus. Tête plus large que le sommet du pronotum, yeux débordant les angles antérieurs.

Ischnopeza.

6 (5) Premier article des antennes ne dépassant pas ou à peine le sommet de la tête. Joues non saillantes. Tête moins large que le sommet du pronotum, yeux ne débordant pas les angles antérieurs.

Neurocladus.

EMBLETHIS. *Fieb*.

1 (2) Marge latérale du pronotum non ciliée, largement dilatée.

1. E. Verbasci. *Fab.* (*Platychilus Fieb.*). Ovalaire, d'un flave grisâtre ponctué de noir, les points se réunissant sur la marge du pronotum et des élytres pour former çà et là de petites taches. Poitrine noire, ses bords et le ventre ferrugineux. Membrane

grise avec de petites taches blanches. Marge du pronotum largement dilatée, peu rétrécie en avant, disque du pronotum peu convexe. Long. 6-7.

Var. Bullans. Marge latérale du pronotum tuméfiée en forme de bourrelet sur toute sa longueur ou plus ordinairement seulement près des angles antérieurs.

Cette espèce est en outre assez variable pour la forme et la largeur du pronotum, qui surtout chez les exemplaires du Nord se rétrécit un peu en avant et devient un peu convexe, presque comme chez l'espèce suivante.

Presque toute la France : Calais, Paris, Avignon, Tarbes, Corse, etc.

2 (1) Marge du pronotum courtement ciliée au moins en avant, étroitement dilatée.

2. E. Arenarius. *Lin.* Ressemble beaucoup à l'espèce précédente ; en diffère par sa taille plus faible, la marge latérale du pronotum beaucoup plus étroite, munie de petites soies raides au moins en avant, rétrécie antérieurement, le disque du pronotum plus convexe et plus élevé que la marge, le ventre ordinairement noirâtre. Long. 5-6.

Var. Bullatus. Fieb. Marge du pronotum tuméfiée en forme de bourrelet sur toute sa longueur ou seulement près des angles antérieurs. Quelquefois aussi on remarque, sous cette marge, près de l'angle antérieur. un appendice membraneux en forme d'ongle.

Rare en France : Beziers, Avignon.

Obs. L'E. Ciliatus Horw. de Hongrie et Russie méridionale n'a pas encore été trouvé en France, mais j'en possède un exemplaire de Géryville. Il a la marge du pronotum fortement dilatée et non rétrécie en avant comme dans le *Verbasci,* mais ciliée comme dans l'*Arenarius* et même plus longuement et plus visiblement. Sa taille est de 5 à 6 m.

GONIANOTUS. *Fieb.*

1. G. Marginepunctatus. *Wolff.* Ovale, allongé, d'un flavescent

grisâtre, densement ponctué de brun ; dessous du corps noirâtre avec les bords postérieurs des segments pleuraux flavescents ainsi que des taches près des hanches ; ventre plus ou moins ferrugineux après le milieu. Marge dilatée du pronotum et surtout des élytres avec de petites taches brunes formées par la réunion des points bruns. Membrane blanchâtre avec les intervalles des nervures un peu enfumés et avec de petites taches blanches. Cuisses brunâtres. Long. 5-5 $^{1}/_{2}$.

Une grande partie de la France, mais peu commun : Nord, Fontainebleau, Dax, Ste.-Baume.

ISCHNOPEZA. *Fieb.*

1. I. Hirticonis. *H.-S.* (*Scaphula Baer.*). Atténué en avant, plus large en arrière, flavescent grisâtre, densement ponctué de brun ; marge latérale des élytres dilatée, relevée, portant cinq ou six taches brunes formées par la réunion de points bruns. Marge du pronotum dilatée et relevée, à points épars, ligne médiane du pronotum un peu élevée et plus pâle que le disque. Membrane blanchâtre, avec une grande tache noire à la base ; beaucoup plus courte que l'abdomen dont elle laisse à découvert les trois derniers segments. Dessus du corps glabre. Long. 6 $^{1}/_{2}$—7.

France méridionale, rare : Montpellier, Aix, Avignon.

NEUROCLADUS. *Fieb.*

(Acanthocnemis. *Sign.*).

1 N. Ater. *Fieb.* (*Brachiidens Sign.*) Régulièrement allongé, d'un noir brun, mat, glabre. Tête, pronotum et écusson à ponctuation fine, serrée et ruguleuse, élytres à points forts et régulièrement espacés. Marge des élytres et du pronotum étroite, relevée, très-légèrement moins foncée. Membrane entière ou raccourcie, noire, les nervures légèrement bordées de blanchâtre. Pattes d'un brun très-légèrement roux, les tibias un peu plus clairs. Long. 9.

France méridionale, rare : Toulouse, Aix.

Div. 5. DRYMARIA.

1 (2) Corps largement ovalaire, très-élargi en arrière et rétréci en avant, très-plat même en dessous ou le ventre n'est pas convexe; connexivum étendu horizontablement. Meso — et metasternum très-fortement sillonnés. Premier article des tarses postérieurs à peine plus long que les deux suivants réunis.

GASTRODES.

2 (1) Corps moins élargi en arrière et moins rétréci en avant, déprimé ou subdéprimé en dessus, mais très-convexe en dessous. Connexivum relevé et non horizontal.

3 (8) Tête enfoncée dans le pronotum jusqu'au yeux, non calleuse derrière ceux-ci.

4 (5) Corps à ponctuation dense et très-forte, même sur la tête et le lobe antérieur du pronotum. Prosternum avec une fossette de chaque côté entre les hanches et le bord antérieur.

DRYMUS.

5 (4) Corps plus finement ponctué; tête et lobe antérieur du pronotum lisses ou très-obsolètement pointillés. Prosternum sans fossette devant les hanches.

6 (7) Premier article des antennes dépassant le sommet de la tête de plus de la moitié de sa longueur. Tête plus longue, plus pointue; espace entre l'œil et l'antenne égal à la longueur de l'œil.

EREMOCORIS.

7 (6) Premier article des antennes dépassant le sommet de la tête à peine de la moitié de sa longueur. Tête plus courte, plus obtuse; espace entre l'œil et l'antenne moins long que l'œil. Taille plus faible.

SCOLOPOSTETHUS.

8 (3) Tête non enfoncée dans le pronotum jusqu'aux yeux, calleuse derrière ceux-ci et graduellement rétrécie; yeux ne touchant pas l'angle antérieur du pronotum. Tête fortement ou au moins distinctement ponctuée.

NOTOCHILUS.

DRYMUS. *Fieb*.

1 (10) Ventre opaque, à ponctuation très-serrée et à duvet court.

  (5) Pattes fortement et densement velues.

3 (4) Base de la corie jaunâtre pâle. Membrane blanchâtre à nervures enfumées.

    1. D. Pilipes. *Fieb*. Noir, opaque, tibias et tarses d'un roux obscur; cories d'un brun ferrugineux obscur, le tiers basilaire et le bord externe (côte) jaunâtres pâles. Pronotum aussi long que large, un peu rétréci en avant, à peine sinué latéralement, dépression transverse à peine indiquée, bord latéral roux en bourrelet fin, calus de l'angle postérieur lisse et plus pâle. Ponctuation des cories forte, excepté sur la partie postero-interne du disque. Cuisses antérieures très-renflées avec une très-forte dent et en avant de celle-ci deux ou trois plus petites; tibias antérieurs très-arqués, leur sommet fortement dilaté et armé d'une épine aigue ($\male$), moins arqués et moins dilatés au sommet ($\female$). Antennes à longues soies. Long. 5 $^1/_2$·

    Très-rare : Provence, Corse.

4 (3) Base de la corie concolore, l'extrême bord externe seul ferrugineux. Membrane noirâtre, une petite tache blanchâtre près de l'angle externe.

    2. D. Scambus. *Stål*. Très-voisin du précédent, mais plus grand, plus large, le pronotum plus plat, ses bords latéraux plus explanés et plus aigus, la ponctuation des cories plus uniforme. Les tibias antérieurs du $\male$ à courbure plus brusque, formant une espèce de coude avant la dilation apicale, qui est plus forte. Antennes plus roussâtres. Calus des angles postérieurs du pronotum moins pâle. Long. 6-6 $^1)_2$.

    Très-rare en France : Gers (M. Lucante).

5 (2) Pattes presque glabres.

6 (9) Taille moyenne : 4 $^1/_2$—5 $^1/_2$.

7 (8) Pronotum entièrement noir.

3. D. SYLVATICUS. *Fab.* Noir, fortement ponctué, pronotum moins long que large, fortement sinué latéralement, plus large en arrière qu'en avant, dépression transverse forte. Cories d'un roux ferrugineux obscur avec la base et le bord externe plus pâles, nervures et bord apical noirâtres. Membrane blanchâtre plus ou moins enfumée. Fémurs antérieurs avec une dent peu apparente, tibias un peu arqués avant la dilatation apicale chez le ♂, presque droits chez la ♀. Long. 4$^{1}/_{2}$—5.

Variet. La corie varie du noir uniforme au testacé jaunâtre avec les nervures plus obscures.

Commun dans toute la France, sous les feuilles mortes.

8 (7) Pronotum à lobe postérieur et bourrelet latéral ferrugineux.

4. D. BRUNNEUS, *Sahlb.* Voisin du précédent, mais bien distinct par sa couleur plus rousse et sa forme. Pronotum plus allongé, plus dilaté en avant et moins en arrière, sa sinuosité latérale plus forte. Cories plus dilatées après le milieu, d'un roux ferrugineux obscur avec une tache ponctiforme pâle sur le disque. Tibias antérieurs presque droits, même chez le ♂. Long. 5 $^{1}/_{2}$.

Toute la France, moins commun que le précédent.

9 (6) Taille très-petite : 2 $^{1}/_{2}$.

5. D. PUMILIO. *Put. Soc. Ent. Fr.* 1877, *bull. N° 5.* Brun noir, bourrelet latéral et lobe postérieur du pronotum, cories, pattes et base des antennes d'un roux foncé. Pronotum aussi large en avant qu'en arrière, à sinuosité latérale et dépression transverse très-peu sensibles. Membrane enfumée, à peine aussi longue que l'abdomen. Long. 2 $^{1}/_{2}$.

Très-rare : Lille (M. Lethierry, 2 exemplaires). Tarbes (M. Pandellé, 3 exemplaires).

10 (1) Ventre très-lisse et très-brillant, sans duvet ni ponctuation, hérissé de quelques longues soies.

6. D. PILICORNIS. *Mls. R.* Noir, brillant, fortement ponctué ; pronotum aussi large en avant qu'en arrière surtout chez le ♂, rebord

latéral et calus humeral roux. Cories peu dilatées , roussâtres avec
le disque et le bord postérieur plus obscurs ; membrane enfumée
avec les bords et les nervures blanchâtres , souvent plus courte
que l'abdomen. Antennes et pattes longuement poilues ; pattes
rousses avec les cuisses tantôt noires , tantôt rousses , bec roux.
Fémurs antérieurs avec une forte épine oblique au tiers antérieur
et trois très-petites en avant ; tibias antérieurs fortement arqués ,
leur sommet dilaté. — Cet insecte a la forme d'un Rhyparochromus. Long. 3 $^1/_2$—4 $^1/_2$,

Rare : Bugey, Yonne, Vosges, Hautes-Pyrénées.

EREMOCORIS. *Fieb.*

1 (2) Pattes presque glabres , sans longs poils. Tibias postérieurs avec
quelques soies spiniformes au côté externe.

1. E. Erraticus. *Fab.* Noir , presque glabre ; bords latéraux du
pronotum d'un blanchâtre flavescent, lobe postérieur (moins le
calus huméral) roux, ainsi que le bec , les pattes , la base du
premier ᴗarticle des antennes, le bord postérieur des pro — et
metastethium et une tache au bord externe des hanches. Elytres
rousses avec la moitié basilaire d'un blanchâtre flavescent, une
tache noirâtre arrondie sur le milieu du disque ; membrane noirâtre, une tache blanche à l'angle externe et une à l'angle basilaire.
Long. 7.

Variet. Antennes et cuisses noires , la dernière moitié des
cories brune.

Toute la France ; peu commun ; quelquefois dans les grandes
fourmilières. Les variétés les plus noires surtout en Corse , mais
ne font pas défaut dans les autres régions.

2 (1) Pattes densement hérissées de longs poils mous. Tibias postérieurs
sans soies spiniformes.

3 (4) Bords latéraux et postérieur du pronotum à peine roussâtres.

2. E. Plebejus. *Fall. (Sylvestris Pz.).* Noir , poilu , base et bord
externe des cories d'un brun roussâtre obscur, ainsi que les tibias,
les tarses et une tache au bord externe des hanches. Membrane

noire avec trois taches blanches, l'une à l'angle de la base, l'autre à l'angle externe, la troisième à l'angle interne. Long. 7.

Probablement toute la France, assez rare : Nord, Paris, Vosges, Lyon, Digne, Pyrénées.

4 (3) Bord latéral du pronotum, surtout au niveau de la sinuosité basilaire d'un jaune blanchâtre, lobe postérieur avec un trait médian et un autre oblique de chaque côté d'un roux clair.

3. E. ALPINUS. *Garb.* Noir, poilu, tibias et tarses roux, ainsi que le bord postérieur des meta — et prostethium et une tache près des hanches. Cories roussâtres plus ou moins foncées, la moitié basilaire et souvent une tache au milieu du bord externe d'un jaunâtre flavescent. Membrane comme dans le précédent, entière, mais en outre les nervures blanchâtres à la base. Pronotum rétréci en avant. Long. 7.

Rare : Nancy, Alsace, Corse.

Var. Icaunensis. Populus. Pronotum aussi large en avant qu'en arrière, membrane plus ou moins écourtée. Cuisses antérieures seules noires, les autres rousses. Cories d'un roux un peu plus clair,

Yonne, Rouen.

Cette espèce devra, je crois, être réunie à l'*E. Plebejus.*

SCOLOPOSTETHUS. *Fieb.*

1 (10) Corps sans poils dressés en dessus.

2 (3) Antennes entièrement testacées, grêles, plus longues que la moitié du corps.

1. S. PICTUS. *Schill.* Noir, bords antérieur et latéraux et lobe postérieur du pronotum jaunâtres, ce dernier ponctué et maculé de brun. Elytres flaves avec deux taches au milieu et l'extrémité brunâtres; membrane entière, blanchâtre à nervures brunes. Bords des cotyles et des sutures pleurales, pattes et bec jaunâtres; fémurs antérieurs et les postérieurs plus faiblement annelés de brun. Epine des fémurs antérieurs oblique et située au milieu; tibias

antérieurs courbés au sommet, légèrement ♀, plus fortement ♂, et denticulés. Mesosternum simple. Long. 4 ^{1})$_2$.

Toute la France et la Corse, souvent dans les fourmilières,

3 (2) Antennes non entièrement testacées, plus robustes et moins longues.

4 (5) Antennes ayant le dernier et le premier articles roux ainsi que la base du deuxième. Pattes entièrement d'un roux testacé.

2. S. Cognatus. *Fieb*; Noir, épistome roux, Bords antérieur et latéraux et lobe postérieur du pronotum jaunâtres, les angles postérieurs bruns. Elytres largement blanchâtres à la base, à ponctuation concolore, la deuxième moitié brune avec une tache blanchâtre près du bord externe. Cotyles, bords postérieurs de tous les segments pectoraux et abdominaux largement jaunâtres ainsi que le connexivum et les segments génitaux. Membrane entière. Mesosternum simple. Epine des fémurs antérieurs au tiers externe; tibias antérieurs droits ♀ ou à peine incurvés ♂. Long. 3 $^1/_2$ — 4

Rare en Provence, commun en Corse.

5 (4) Antennes ayant le dernier article noir et au moins une paire de cuisses annelées de brun.

6 (9) Antennes à articles un et deux jaunâtres, les troisième et quatrième noirs.

7 (8) Mesosternum bituberculé devant les hanches surtout chez le mâle. Membrane presque toujours raccourcie.

3. S Affinis. *Schill.* (*Podagricus Fall. Thoms.*). Noir, bords latéraux et lobe postérieur du pronotum roux, ce dernier maculé de brun surtout aux angles postérieurs. Elytres d'un jaune roux à la base, avec l'extrémité brune ainsi que quelques taches vers le milieu. Bords des segments pectoraux et des cotyles roux. Fémurs antérieurs noirâtres au milieu, l'épine située vers le tiers antérieur. Tibias antérieurs courbés légèrement ♀, fortement ♂, denticulés en dedans au sommet. Long. 3 $^1/_2$—4.

Toute la France, commun.

8 (7) Mesosternum mutique, membrane entière.

> 4. S. Adjunctus. *Dgl. Scott.* (*Thomsonii Reut. deeoratus Th.*)
> Extrêmement voisin du *S. Decoratus*, en diffère, outre la cou-
> leur des antennes, par les élytres plus pâles. Il a comme lui les
> tibias antérieurs droits ♀ ou légèrement incurvés ♂. Les fémurs
> postérieurs sont généralement sans anneau brun, où il est très-
> faible. Long. 3 ¹/₂ — 4.
>
> Rare : Nord, Vosges, St.-Tropez, Corse.

9 (6) Antennes noires, la base seule du deuxième article étroitement
ferrugineuse.

> 5. S. Decoratus. *Hah.* (*Ericetorum Leth. melanocerus Thoms.*).
> Noir, les bords lateraux du pronotum flaves, le lobe postérieur
> roux avec les angles postérieurs noirs et une très-fine ligne mé-
> diane longitudinale blanche. Elytres flavescentes avec le tiers
> postérieur brun ainsi que deux petites taches au milieu. Membrane
> presque toujours entière, blanchâtre, à nervures brunes. Fémurs
> antérieurs presque entièrement bruns, l'épine vers le tiers externe ;
> les intermédiaires et postérieurs avec un assez large anneau suba-
> pical brun. Tibias antérieurs droits ♀ ou légèrement incurvés ♂.
> Mesosternum mutique. Long. 3¹/₂—4.
>
> Toute la France, assez commun.

10 (4) Des soies dressées sur les élytres et le pronotum.

> 6. S. Pilosus. *Reut.* (*Affinis Thoms.*). Ressemble beaucoup au *S.
> Affinis*, en diffère, entre la pubescence, par son mesosternum
> mutique. La couleur des cuisses varie ; tantôt elles sont entièrement
> flaves, tantôt les antérieures et les postérieures sont plus ou moins
> noires ; la dent des antérieures est sinuée au milieu. La membrane
> est le plus souvent incomplète. Long. 3 ¹/₂—4.
>
> Rare : Nord, Pyrénées, Avignon.

NOTOCHILUS. *Fieb.*

1 (2) Tête très-allongée, légèrement et graduellement rétrécie derrière
les yeux. Premier article des antennes dépassant le sommet de la

tête de plus de la moitié de sa longueur. Pronotum non transverse.
(*S. G. Thaumastopus Fieb.*).

1. N. Longicollis. *Fieb.* Noir, pronotum avec un étroit rebord
latéral jaunâtre, son lobe postérieur entièrement d'un flave livide
ainsi que les cories, le bec, les pattes et les bords postérieurs des
segments pleuraux. Cuisses antérieures noirâtres. Antennes noires,
très-longues et grèles. Tête, pronotum, écusson et cories à ponctuation très-forte, presque rugueuse. Pronotum assez large en
arrière et très-rétréci en avant, sa sinuosité latérale forte, sa
surface peu convexe et inégale comme dans le *N. Contractus* et
avec un fort sillon longitudinal médian. Long. 4.

Extrêmement rare : Lectoure (M. Lucante).

Obs. Le *N. Marginicollis Luc*, qui se trouve en Algérie et en
Russie mérid. et se rencontrera peut-être en Provence, ressemble
beaucoup à cette espèce ; il en est cependant bien distinct par ses
pattes entièrement flaves, même les cuisses antérieures, le premier et la base du deuxième article des antennes jaunâtres et
surtout le pronotum moins large en arrière, à sinuosité latérale
plus faible, à surface plus convexe, moins inégale et à ponctuation plus fine et moins rugueuse. La membrane qui atteint
cependant l'extrémité de l'abdomen présente moins d'étendue proportionnellement aux cories ; celles-ci sont plus étroites en avant
qu'en arrière.

2 (1) Tête plus courte, brusquement rétrécie derrière les yeux. Premier
article des antennes ne dépassant le sommet de la tête que de moitié
de sa longueur. Pronotum plus court, transverse.

3 (10) Commissure du clavus beaucoup plus courte que l'écusson qui est
grand. Pronotum fortement rétréci en avant. Membrane complètement
développée. (*S. G. Taphropeltus Stål.*).

4 (9) Corps, pattes et antennes en grande partie noirs.

5 (8) Lobe postérieur du pronotum noir comme l'antérieur ou à peine
sensiblement d'un roux très-foncé.

6 (7) Pronotum inégal à ponctuation forte, à sillon transverse fort et
sillon longitudinal bien marqué.

2. N. Contractus. *H.-S.* Noir, rebord latéral du pronotum étroi-

tement flavescent ainsi que le clavus et la base de la corie ; le
disque de cette dernière et son extrémité bruns avec une tache
latérale flavescente au niveau du dernier quart et quelques autres
plus petites, peu distinctes. Membrane entière, blanche, veinée
de brun ; tibias et cotyles jaunâtres. Pronotum fortement ponctué,
sa surface inégale, un sillon longitudinal bien apparent. Long.
3 $^3/_4$.

Toute la France.

7 (6) Pronotum à ponctuation plus fine et plus serrée ; sillons moins appa-
rents. Taille plus forte.

3. F. ANDREI. *Put. S. Ent, Fr.* 1877. *XXXIV.* Noir, opaque ; tête
très-densement et finement ponctuée ; antennes grêles, allongées,
à pubescence très-courte, les deux derniers articles à peine plus
épais, le premier dépassant le clypeus de la moitié de sa longueur.
Pronotum noir à ponctuation fine et très-dense, un peu plus forte
sur le lobe postérieur ; le rebord latéral concolore, excepté au
niveau de la dépression transverse, où il est ferrugineux sur une
très-faible étendue ; dépression transverse très-superficielle, aussi
la sinuosité latérale est faible ; lobe antérieur peu convexe ; disque
sans sillon longitudinal apparent. Cories d'un noir brunâtre
obscur, deux taches latérales d'un ferrugineux jaunâtre, l'une à la
base, l'autre aux trois quarts de la longueur ; clavus très-légèrement un peu plus roux que les cories ; membrane noire, une
tache jaunâtre le long de la suture membraneuse et à sa moitié
externe. Pattes allongées, grêles, noires, les tibias et tarses plus
ou moins roussâtres suivant les exemplaires ; fémurs antérieurs
renflés, leur arête inférieure denticulée sur toute sa longueur et
avec deux épines plus fortes, l'une près de la base, l'autre au
niveau du tiers externe ; tibias antérieurs assez fortement incurvés.
Long. 4 $^1/_4$.

Très-voisin du *N. Contractus*, elle en diffère : par sa taille
plus grande, les antennes et pattes plus allongées et plus grêles ;
le pronotum et la tête à ponctuation plus serrée et plus fine sont
par conséqnent plus opaques ; le pronotum a la sinuosité latérale
et le sillon transverse bien moins sensibles, celui-ci est situé un
peu plus en arrière, le lobe antérieur est plus long que le posté-

rieur, la surface du pronotum est moins irrégulière, le rebord
latéral concolore ; les taches de la corie plus faibles et moins
étendues, le clavus à peine ferrugineux, la membrane plus
obscure, les cotyles concolores et ordinairement les tibias et tarses
plus foncés.

N'a été trouvé jusqu'à présent qu'à Gray, par M. André.

8 (5) Lobe postérieur du pronotum flave. Elytres à dessin plus accusé.

4. N. Nervosus. *Fieb.* A peu près de même taille et de même forme
que le *N. Contractus*, le pronotum est plus large et moins rétréci
en avant et à sinuosité latérale plus faible. Noir, plus brillant,
bords latéraux du pronotum d'un jaune blanchâtre, ainsi que le
lobe postérieur, ce dernier ponctué de brun avec une tache noire
sur l'angle postérieur et une autre plus faible au milieu. Elytres
d'un jaune blanchâtre, leur disque et l'extrémité avec les nervures
noires, ainsi que le bord postérieur, ce qui forme un dessin bien
régulier ; une petite tache noire isolée à l'extrémité du clavus.
Membrane blanche à nervures brunes. Antennes noires, quelques
articles un peu brunâtres à la base. Bords des segments pleuraux,
cotyles, bec, genoux, tibias et tarses roussâtres, les cuisses
brunâtres. Long. 3 $^3/_4$.

Bordeaux (M. Rey), commun en Corse.

9 (4) Corps, pattes et antennes en grande partie ferrugineux.

5. N. Limbatus. *Fieb.* (*Crassicornis Dgl Sc.*). D'un roux ferrugineux clair, tête et lobe antérieur du pronotum brunâtres. Antennes
fortement renflées au sommet, les deux derniers articles et la
moitié supérieure du deuxième noirs. Elytres avec le bord postérieur brun ainsi que les bords interne et externe jusqu'au niveau
de la pointe de l'écusson, une bande transverse et interrompue
à ce niveau et de la même couleur. Membrane complète, noire
avec une tache blanche à la base le long de sa suture. Long. 4.

Très-rare : Lille (Lethierry), Lyonnais (Rey), Morlaix (Hervé).

10 (3) Commissure du clavus beaucoup plus longue que l'écusson (même

chez les exemplaires macroptères qui sont exceptionnels). Ecusson petit. Pronotum peu rétréci en avant. (*S. G. Notochilus Fieb.*).

11 (12) Insecte en grande partie noir.

   6. N. Mitellatus *Costa*. (*Abeillei Put.*). Allongé, noir, un peu brillant sur le pronotum ; ponctuation assez forte ; bec, hanches, tibias, et bord latéral du pronotum d'un ferrugineux obscur ; quelquefois aussi les pattes antérieures en entier et le pronotum un peu ferrugineux. Pronotum presque aussi large en avant qu'en arrière, sa surface convexe, un sillon longitudinal large et assez marqué, la sinuosité latérale assez faible et au tiers postérieur. Base de la corie et du clavus d'un jaunâtre pâle ; disque de la corie non ponctué. Membrane rudimentaire, laissant à découvert l'extrémité de l'abdomen, blanchâtre, l'extrémité noire. Cuisses antérieures denticulées sur les $^2/_3$ externes, deux dents plus fortes ; tibias courbés et dilatés au sommet. **Long. 4.**

    Très-rare : Ste-Baume, Cette.

12 (11) Insecte en grande partie jaunâtre.

13 (14) Cories d'un jaunâtre uniforme, un peu rembrunies à l'extrémité, mais sans bandes ni taches.

   7. N. Ferrugineus. *Mls. Rey*. D'un roux ferrugineux devenant un peu brunâtre vers l'extrémité des cories. Membrane enfumée avec la base blanche. Pronotum un peu rétréci en avant, son disque peu convexe présente vers le milieu une dépression sulciforme élargie. Antennes longues, légèrement rembrunies à l'extrémité. Espèce dimorphe : chez la forme brachyptère, qui est la plus commune, la membrane atteint l'extrémité de l'abdomen, mais elle est peu développée, les cories se prolongeant fort loin ; chez la forme macroptère, dont je ne connais qu'un exemplaire d'Avignon, elle est beaucoup plus grande et la corie plus courte, l'insecte est aussi plus large et a le pronotum plus élargi en arrière **Long. 3 $^1/_4$.**

    France méridionale, assez rare : Lyon, Hyères, Avignon, Beziers, Toulouse, Landes.

14 (13) Cories avec des bandes et taches plus foncées.

8. N. Damryi. *Put.* D'un roux ferrugineux clair. Diffère du précédent par sa forme plus ovalaire, son pronotum plus étroit, plus parallèle, plus convexe et sa membrane rudimentaire laissant à découvert l'extrémité de l'abdomen et le dessin de ses élytres. Celles-ci sont brunes avec la base d'un roux pâle et une tache de même couleur vers le milieu du bord externe; l'extrémité du clavus est brune. Abdomen brun. Long. 3.

Corse, Montpellier, sur les Cistes.

GASTRODES. *Westw.*

1 (2) Premier article des antennes dépassant le clypeus de la moitié de sa longueur. Lobe antérieur du pronotum densement ponctué, noir, à rebord latéral concolore.

1. G. Ferrugineus. *Lin.* Ferrugineux, tête, écusson, poitrine et lobe antérieur du pronotum noirs. — ♂ Fémurs antérieurs armés d'une forte épine vers le sommet et non au milieu. Cotyles postérieurs non prolongés en crochet. — ♀ Cinquième segment ventral postérieurement sinué, mais très-largement et très-obtusément. Long. 7.

Toute la France, sur les Conifères : Nord, Paris, Murat, Ste.-Baume, Gavarnie, Corse, etc.

2 (1) Premier article des antennes dépassant à peine le sommet du clypeus. Lobe antérieur du pronotum presque lisse, noir, à bords latéraux finement testacés.

2. G. Abietis. *Lin.* Ressemble beaucoup au précédent mais d'un ferrugineux bien plus pâle, surtout sur le clavus. — ♂ Fémurs antérieurs avec une forte dent près du sommet et une autre au milieu. Cotyles postérieurs fortement prolongés en arrière en un lobe terminé par un crochet. — ♀ Cinqnième segment ventral échancré en angle étroit qui atteint presque la base du segment. Long. 7.

Rare en France, sur les sapins : Vosges, Paris (Signoret).

Trib. 10. PYRRHOCORINI.

Cette tribu ne renferme qu'un seul genre :

PYRRHOCORIS. *Fall.*

1 (2) Couleur brune, avec le bord réfléchi du pronotum et de la base des cories jaunâtre, ainsi que les hanches et tibias.

1. P. Marginatus. *Kol.* Ponctuation très-forte sur les cories, l'écusson et le lobe postérieur du pronotum où elle forme presque quatre lignes transverses ; lobe antérieur beaucoup plus finement pointillé excepté le long des bords latéraux et antérieur. Ordinairement brachyptère ; très rarement avec la membrane complète. Long. 7—8.

Provence (coll. Mulsant). Plus répandu dans l'Europe orientale : Gênes, Aix-la-Chapelle, Hongrie, Russie.

2 (1) Corps varié de noir et de rouge écarlate.

3 (4) Abdomen noir, l'extrémité du dernier segment et le connexivum rouges. Deux taches noires sur la corie dont le bord apical est arqué.

2. P. Apterus. *Lin.* Tête, milieu du pronotum, écusson, clavus et membrane noirs, deux taches rondes, noires, sur la corie, l'une grande sur le milieu du disque, l'autre plus petite, près de la base, entre le clavus et le bord externe. Cotyles, bords des segments sternaux et connexivum rouges. Dos de l'abdomen et ventre noirs. Ordinairement brachyptère, cependant pas très-rare avec la membrane complète. Long. 9—11.

Commun dans toute la France, en sociétés nombreuses au pied des grands arbres des promenades.

4 (3) Abdomen rouge avec une ligne de taches noires sur le milieu

des côtés du ventre. Une seule tache noire sur la corie dont le bord apical est droit.

3 P. ÆGYPTIUS. *Lin*. Plus petit et surtout plus étroit que le précédent dont il a l'aspect comme disposition de couleurs, en diffère, outre les caractères ci-dessus indiqués, par la ponctuation plus fine, le dos de l'abdomen rouge ainsi que les segments génitaux. — Toujours macroptère. Long. 8—10.

France méridionale : Avignon, Provence, Cette, Corse.

LILLE. L. DANEL.